第六阶段轻型车

环保信息公开系统操作手册

王宏丽　肖　寒　主编

中国环境出版集团·北京

图书在版编目（CIP）数据

第六阶段轻型车环保信息公开系统操作手册 / 王宏丽，肖寒主编. -- 北京 : 中国环境出版集团，2025. 9.
ISBN 978-7-5111-6316-5

Ⅰ. X734.2-62

中国国家版本馆CIP数据核字第2025B6X796号

责任编辑 殷玉婷
装帧设计 宋 瑞

出版发行 中国环境出版集团
（100062 北京市东城区广渠门内大街16号）
网 址：http://www.cesp.com.cn
电子邮箱：bjgl@cesp.com.cn
联系电话：010-67112765（编辑管理部）
发行热线：010-67125803，010-67113405（传真）
印装质量热线：010-67113404

印 刷 北京中科印刷有限公司
经 销 各地新华书店
版 次 2025年9月第1版
印 次 2025年9月第1次印刷
开 本 787×960 1/16
印 张 8.75
字 数 130千字
定 价 80.00元

前　言

随着生态环境监管治理的持续深入和治理水平的不断提升，我国环境管理对象及内容日趋精细化。汽车、飞机、船舶、非道路移动机械等移动污染源现已成为我国大中型城市污染的重要来源。同时，由于机动车大多行驶在人口密集区域，尾气排放直接威胁人民群众身体健康。

为切实有效改善空气质量，提升人民群众幸福感。2015 年 8 月 29 日，全国人大常委会审议通过的新修订的《中华人民共和国大气污染防治法》中增加了新生产环节移动源环保监管内容。其中第五十一条规定了机动车船、非道路移动机械不得超过标准排放大气污染物。禁止生产、进口或者销售大气污染物排放超过标准的机动车船、非道路移动机械。第五十二条规定机动车、非道路移动机械生产企业应当对新生产的机动车和非道路移动机械进行排放检验。经检验合格的，方可出厂销售。检验信息应当向社会公开。第五十五条规定机动车生产、进口企业应当向社会公布其生产、进口机动车车型的排放检验信息、污染控制技术信息和有关维修技术信息。

根据《中国移动源环境管理年报 2024》，2023 年全国机动车排放一氧化碳 724.9 万吨，碳氢化合物 187.2 万吨，氮氧化物 473.1 万吨，颗粒物 4.4 万吨；汽车是污染物排放总量的主要贡献者，其排放的一氧化碳、碳氢化合物、氮氧化物和颗粒物超过机动车排放总量的90%。为贯彻落实《中华人民共和国大气污染防治法》，进一步加强对轻型车的监管与污染防治，2016年12月23日，环境保护部发布《轻型汽车污染物排放限值及测量方法（中国第六阶段）》（GB 18352.6—2016），要求自2020年7月1日起，所有生产、进口和销售的轻型车应符合标准第六阶段要求。

环保信息公开制度是轻型车环境管理制度体系中的重要一环。为贯彻《中华人民共和国环境保护法》《中华人民共和国大气污染防治法》《中华人民共和国噪声污染防治法》，防治机动车大气和噪声污染，规范信息公开工作。2023年12月28日，生态环境部部长黄润秋主持召开部常务会议，会议强调：《机动车环保信息公开技术规范》规定了机动车环保信息公开的技术要求，适用于机动车生产、进口企业及检验机构等开展机动车环保信息公开工作，将为机动车环保合规监管提供重要依据。要及时开展标准宣贯培训，推动机动车环保信息公开工作有序开展。要指导机动车环保监管部门加强机动车合规监管，推动公众广泛参与对机动车生产、进口企业的监督，营造公平公正的市场环境。2024年1月17日生态环境部批准《机动车环保信息公开技术规范》（HJ 1350—2024）为国家生态环境标准，并予发布。

《机动车环保信息公开技术规范》的编制主要从机动车生产、进口企业的角度出发，以全新机动车环保达标管理理念为基础，在具体实施过程中对操作及管理细节进一步规范与完善。该规范也是吸收融合不同国家先进管理经验，提升机动车生产、进口企业合规经营的重要依据。

开展环保信息公开工作需要用到许多技术内容复杂的标准，也有许多需要谨慎对待的管理要求，这对所有机动车生产、进口企业都带来了新的挑战。本书基于当前轻型车实施的第六阶段排放标准要求，按机动车和非道路移动机械环保信息公开系统操作流程，为轻型车生产、进口企业提供环保信息公开系统操作指导。希望通过本书能够更加有效地帮助企业解决环保信息公开中的疑难问题，切实提高企业新生产机动车达标水平、加强企业合法合规经营意识、提升标准实施的精准性和有效性，为进一步提升我国机动车排放控制水平提供有力的支撑。

本书中的轻型车是指GB 18352.6—2016中涉及的轻型汽车。

目 录

第一章

概述

张乐琪

一、背景

当前，我国移动源污染问题日益突出。特别是北京、上海、深圳等大中型城市，移动源已经成为大气环境中细颗粒物（$PM_{2.5}$）污染的重要来源。在重污染天气期间，细颗粒物污染的贡献率会更高。同时，由于机动车大多行驶在人口密集区域，尾气排放直接威胁人民群众身体健康。

为切实有效地改善空气质量，提升人民群众的幸福感。2015 年 8 月 29 日，全国人大常委会审议通过了新修订的《中华人民共和国大气污染防治法》，其中增加了新生产环节移动源环保监管内容。第五十一条规定了机动车船、非道路移动机械不得超过标准排放大气污染物。禁止生产、进口或者销售大气污染物排放超过标准的机动车船、非道路移动机械。第五十二条和第五十五条规定机动车、非道路移动机械生产企业应当对新生产的机动车和非道路移动机械进行排放检验。经检验合格的，方可出厂销售。检验信息应当向社会公开。机动车生产、进口企业应当向社会公布其生产、进口机动车车型的排放检验信息、污染控制技术信息和有关维修技术信息。

为贯彻落实《中华人民共和国大气污染防治法》，2016 年，环境保护部发布《关于开展机动车和非道路移动机械环保信息公开工作的公告》（国环规大气〔2016〕3 号），要求机动车生产、进口企业应当向社会公布其生产、进口机动车的排放检验信息、污染控制技术信息。2018 年，国务院印发的《打赢蓝天保卫战三年行动计划》要求，加强柴油货车超标排放治理，加快降低机动车船污染物排放量。同年，经国务院同意，生态环境部等 11 部门联合印发《柴油货车污染治理攻坚战行动计划》要求强化机动车环保信息公开。机动车生产、进口企业依法依规公开排放检验、污染控制技术和汽车尾气排放相关的维修技术信息。各地生态环境部门在机动车生产、销售和注册登记等环节加强监督检查，指导监督排放检验机构严格开展车辆注册登记前的排放检验，通过国家机动车环境监管平台逐车核实环保信息公开情况，进行污染控制装置查验、上线排放检测，确保车辆配置与信息的真实性和一致性，2019 年基本实现全覆盖。

为更好地贯彻落实《中华人民共和国大气污染防治法》的相关要求，确保机动车环保信息公开工作有序开展，同时为机动车环保达标监督管理部门开展工作提供重要保障，亟须出台《机动车环保信息公开技术规范》。机动车环保信息公开是《中华人民共和国大气污染防治法》中提出的全新的机动车环保达标管理要求，在具体实施过程中有许多细节需要进一步规范和完善，如环保信息随车清单的模板及制作要求、信息公开流程及要求、信息公开检验技术要求等。这些内容都需要由统一的、规范的标准给出明确的要求。

为了进一步保证有关标准的有效实施与推进，生态环境部《关于开展 2019 年度国家环境保护标准项目实施工作的通知》（环办函〔2019〕461 号）中，下达了《机动车环保信息公开技术规范》制修订任务，项目统一编号：2019-40。

2019 年 12 月，生态环境部大气环境司组织召开了《机动车环保信息公开技术规范》开题论证会，邀请北京市机动车排放管理中心、中国环境科学研究院、中国汽车工业协会等单位的 9 名专家对标准定位和内容进行了论证。会后，标准编制组对我国、欧盟以及美国的现行机动车法规、标准和管理制度进行了收集、研究、对比；调研了我国其他机动车主管部门的管理情况；对我国机动车生产、销售、注册登记情况和主要汽车生产、进口企业随车清单打印、上传情况进行分析、调研；结合我国大气环境管理需求和排放法规发展状况，初步确定了《机动车环保信息公开技术规范》的基本框架和主要内容，起草了开题报告和标准草案。

2020 年 5 月，标准编制组组织召开了《机动车环保信息公开技术规范》行业技术交流会。会上，标准编制组分别与机动车生产企业、地方生态环境部门进行了交流；对会议上收集的意见、建议进行汇总，并对标准相关内容进行了修改。同年年底，生态环境部大气环境司组织召开了标准征求意见稿专家审查会。标准编制组根据专家审查会意见，对征求意见稿和编制说明进行了修改完善。

2022 年 3 月，生态环境部办公厅发布征询意见通知，面向社会公开征求意见。共收到来自 33 家单位的 300 余条反馈意见。标准编制组根据反馈意见与行业企业和协会进行沟通交流，就标准中相关内容达成一致意见。公开征求意见结束后，标准编制组对征求意见情况进行讨论和处理，形成了标准报批稿。

2023 年 9 月，召开标准送审稿专家审查会，审查委员会一致通过标准审查。

2023 年 12 月，生态环境部大气环境司在司务会上审议了《机动车环保信息公开技术规范（报批稿）》，会议原则通过，建议按相关要求和程序报批并予以发布。

二、标准实施

目前，我国新生产机动车环境管理范围包括轻型汽车（轻型汽油车、轻型柴油车、轻型单一气体燃料车、轻型两用燃料车、轻型混合动力车、轻型甲醇单燃料汽车、轻型柴油 / 甲醇双燃料汽车等）、重型汽车（重型汽油车、重型柴油车、重型气体燃料车、重型双燃料车、重型混合动力车、重型甲醇单燃料汽车、重型柴油 / 甲醇双燃料汽车等）、车用发动机（重型汽油发动机、重型柴油发动机、重型气体燃料发动机、重型甲醇单燃料发动机、重型柴油 / 甲醇双燃料发动机等）、摩托车、轻便摩托车和三轮汽车。截至 2024 年 12 月 31 日，我国新生产机动车执行的现行标准见表 1.1。

我国新生产机动车排放标准实施进度见图 1.1。

表 1.1 我国新生产机动车执行的现行标准

车辆（发动机）类型	标准标号	标准名称
轻型汽车	GB 3847—2018	《柴油车污染物排放限值及测量方法（自由加速法及加载减速法）》
	GB 18285—2018	《汽油车污染物排放限值及测量方法（双怠速法及简易工况法）》
	GB 18352.6—2016	《轻型汽车污染物排放限值及测量方法（中国第六阶段）》
	GB 19755—2016	《轻型混合动力电动汽车污染物排放控制要求及测量方法》
	GB 1495—2002	《汽车加速行驶车外噪声限值及测量方法》
	HJ 1137—2020	《甲醇燃料汽车非常规污染物排放测量方法》
重型汽车（发动机）	GB 17691—2018	《重型柴油车污染物排放限值及测量方法（中国第六阶段）》
	GB 3847—2018	《柴油车污染物排放限值及测量方法（自由加速法及加载减速法）》
	GB 18285—2018	《汽油车污染物排放限值及测量方法（双怠速法及简易工况法）》
	GB 14762—2008	《重型车用汽油发动机与汽车排气污染物排放限值及测量方法（中国Ⅲ、Ⅳ阶段）》
	GB 20890—2007	《重型汽车排气污染物排放控制系统耐久性要求及试验方法》
	GB 11340—2005	《装用点燃式发动机重型汽车曲轴箱污染物排放限值及测量方法》
	GB 14763—2005	《装用点燃式发动机重型汽车燃油蒸发污染物排放限值及测量方法（收集法）》
	GB 1495—2002	《汽车加速行驶车外噪声限值及测量方法》
	HJ 857—2017	《重型柴油车、气体燃料车排气污染物车载测量方法及技术要求》
	HJ 437—2008	《车用压燃式、气体燃料点燃式发动机与汽车车载诊断（OBD）系统技术要求》
	HJ 438—2008	《车用压燃式、气体燃料点燃式发动机与汽车排放控制系统耐久性技术要求》
	HJ 439—2008	《车用压燃式、气体燃料点燃式发动机与汽车在用符合性技术要求》
	HJ 1137—2020	《甲醇燃料汽车非常规污染物排放测量方法》
	HJ 1239—2021	《重型车排放远程监控技术规范》
摩托车	GB 14622—2016	《摩托车污染物排放限值及测量方法（中国第四阶段）》
	GB 18176—2016	《轻便摩托车污染物排放限值及测量方法（中国第四阶段）》
	GB 14621—2011	《摩托车和轻便摩托车排气污染物排放限值及测量方法（双怠速法）》
	GB 20998—2007	《摩托车和轻便摩托车燃油蒸发污染物排放限值及测量方法》
	GB 16169—2005	《摩托车和轻便摩托车加速行驶噪声限值及测量方法》
	GB 19758—2005	《摩托车和轻便摩托车排气烟度排放限值及测量方法》
低速汽车	GB 19756—2005	《三轮汽车和低速货车用柴油机排气污染物排放限值及测量方法（中国Ⅰ、Ⅱ阶段）》
	GB 19757—2005	《三轮汽车和低速货车加速行驶车外噪声限值及测量方法（中国Ⅰ、Ⅱ阶段）》
	GB 18322—2002	《农用运输车自由加速烟度排放限值及测量方法》

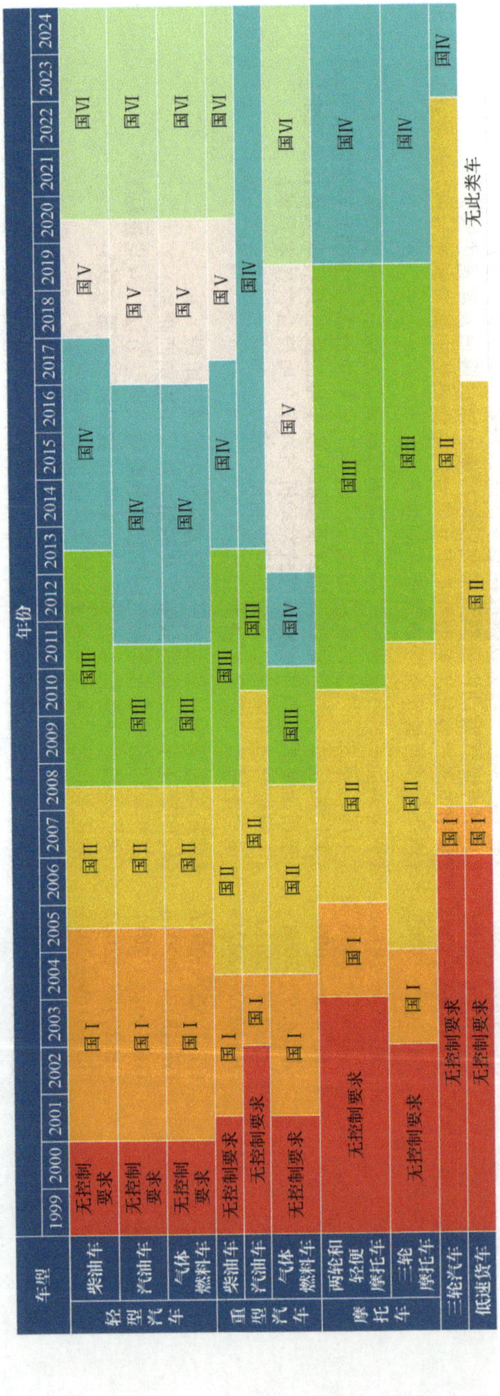

图 1.1　我国新生产机动车排放标准实施进度

第二章

适用范围、术语定义及操作流程

赵　鑫

一、适用范围

本操作手册适用于轻型车生产、进口企业（以下简称“轻型车企业”），见表 2.1。

表 2.1　轻型车环保信息公开系统操作手册适用范围

适用对象	适用企业类型	车辆类型	适用排放阶段	对应标准
轻型车	轻型车企业	以点燃式或压燃式发动机为动力、最大设计车速大于或等于 50 km/h 的轻型汽车及最大设计总质量不超过 3 500 kg 的 M1 类、M2 类和 N1 类汽车	中国第六阶段（以下简称“国六”）	《轻型汽车污染物排放限值及测量方法（中国第六阶段）》（GB 18352.6—2016）、《机动车环保信息公开技术规范》（HJ 1350—2024）

二、术语定义

（1）环保信息公开

为贯彻落实《中华人民共和国大气污染防治法》，轻型车企业应当向社会公开其生产、进口的环保信息，包括排放检验信息和污染控制技术信息。

（2）轻型汽车

轻型汽车指最大设计总质量不超过 3 500 kg 的 M1 类、M2 类和 N1 类汽车。详见《轻型汽车污染物排放限值及测量方法（中国第六阶段）》（GB 18352.6—2016）。

（3）基准车型

基准车型指从车型系族中选出的，能代表该车型系族排放特性的，并通过型式检验的汽车车型。

（4）排放系族

排放系族由进行型式检验试验的基准车型和分别依据《轻型汽车污

染物排放限值及测量方法（中国第六阶段）》（GB 18352.6—2016）第6章中的条款进行扩展的车型共同组成，具有相似排放特征的若干个车型组合；同一系族都必须满足相同的排放限值。

（5）排放控制系统

排放控制系统指装载于轻型汽车的排放控制系统、电子控制单元系统、排放诊断系统、远程排放管理终端系统等。

（6）车辆型式检验

车辆型式检验指车的一种车型在设计完成后，对试制出来的新产品进行的定型试验，以验证产品能否满足《轻型汽车污染物排放限值及测量方法（中国第六阶段）》（GB 18352.6—2016）技术要求的检验。

（7）机动车环保信息公开平台

机动车环保信息公开平台指机动车生产、进口企业开展机动车环保信息公开的平台（网址：www.vecc.org.cn），供政府有关部门、公众和企业查询使用。

（8）环保信息随车清单

环保信息随车清单指机动车生产、进口企业在车辆制造完毕并经检验合格后，随车配发的符合本标准样式的环保信息清单。包括企业对该车辆满足排放标准和阶段的声明、车辆基本信息、排放检验信息、污染控制信息以及企业基本信息等内容。

（9）信息公开编号

信息公开编号指机动车生产、进口企业完成车型信息公开后，在机动车环保信息公开平台自动生成的一组反映该车型车辆类别、排放阶段等信息的代码，由29位数字、空格及字母组成。

（10）车辆识别代码（VIN）

VIN是为了识别某一辆车，由车辆制造厂为该车辆指定的一组字码。

（11）污染控制装置

污染控制装置是用于控制、限制或监控排气污染物或蒸发污染物排放的装置。

（12）永久性标识

永久性标识指体现生产企业、产品型号等信息的标识。此标识在机动车全生命周期内，正常行驶、维护及保养不会被破坏。

三、环保信息公开操作流程

轻型车企业环保信息公开操作流程见图 2.1。

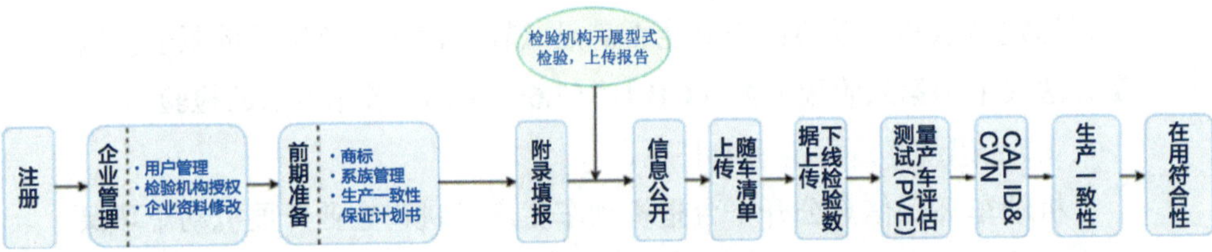

图 2.1　轻型车企业环保信息公开操作流程

第三章

注册与企业管理

郝爱民

企业进行环保信息公开前，首先需要在环保信息公开系统进行“注册”，并完成“企业管理”相关内容的填写。

一、注册

企业进入机动车环保网（https://www.vecc.org.cn/），点击“企业环保信息公开系统”，见图 3.1。

图 3.1　企业环保信息公开系统入口

进入登录页面，点击“注册流程”进入注册详细页面，见图 3.2。

图 3.2　注册页面

企业需提供以下表格中全部材料，其中 1、2、3 项需在注册详细页面点击下载。注册账户提交资料清单见表 3.1。

表 3.1　注册账户提交资料清单

序号	材料名称	要求	备注
1	企业环保达标负责人登记表、法人授权书、达标负责人身份证复印件	全部材料电子扫描件、企业环保达标负责人登记表（word 版）、环保信息公开系统用户注册登记表（word 版）发送至指定邮箱	（1）邮件注明企业名称及联系方式（2）纸质版加盖公章
2	环保信息公开企业责任承诺书		
3	环保信息公开系统用户注册登记表		
4	企业营业执照复印件、组织机构代码证（如有）复印件（已办理三证合一或是五证合一的，只需提供新营业执照复印件）		
5	进口企业需提供进口资质证明和国外制造商有效注册证明资料		

注：①待全部纸质材料收齐后，5 个工作日内完成核验；
②核验通过后以电子邮件方式将用户名和密码发送至“环保信息公开系统用户注册登记表”中填写的电子邮箱。

企业按要求递交材料。机动车排污监控中心收到全部纸质材料后，5个工作日内完成信息核验；材料不符合要求的将以邮件方式通知企业补充材料，材料符合要求的开通账户并以电子邮件方式将企业编号、管理员（Admin）账户密码及账户详细信息发送至企业邮箱。注册页面见图3.3。

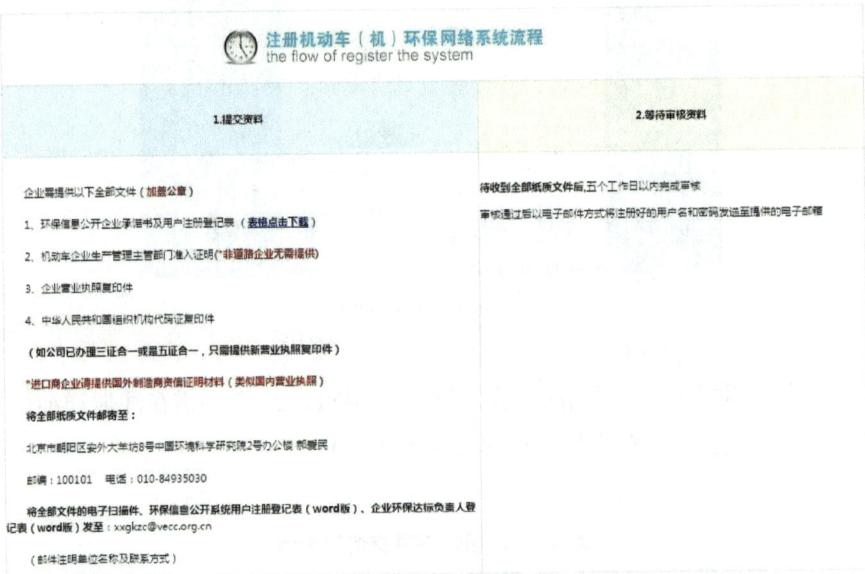

图3.3 注册页面

系统页面与轻型车环保信息公开相关的模块有：计划书、生产一致性和在用符合性、信息公开、数据查询、随车清单/单机、轻型国六系族、CAL ID&CVN、系统管理等。系统页面见图3.4。

图 3.4　系统页面和模块

二、企业管理

企业收到管理员账户“Admin”后，进入机动车环保网，在页面右侧点击“环保信息公开系统”进入登录页面，见图 3.5。输入企业编号、用户名、密码和验证码，点击“登录”，进入主页面。

图 3.5　登录页面

初次登录的账户需修改初始密码。登录 Admin 账户，页面菜单显示首页和系统管理两个模块，见图 3.6。系统管理模块包括用户管理、检测机构授权、企业资料、个人信息、密码修改、网址维护、退出等。

图 3.6　系统首页及系统管理

（一）用户管理

只有 Admin 账户拥有用户管理功能。在主页面下，选择“系统管理”→“用户管理”，进入用户管理页面，见图 3.7。用户管理功能主要用于新增、删除或修改账户，以及分配不同账户权限。

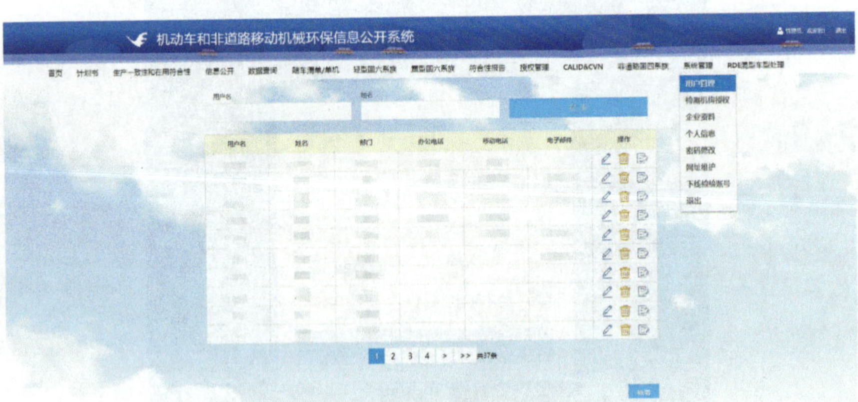

图 3.7　用户管理页面

1. 新增账户

点击“新增”，填写相应信息并点击“提交”，可创建新账户，账户密码将自动发送至填写的电子邮箱。企业需要通过权限分配功能对账户进行权限分配。新增账户页面见图 3.8。

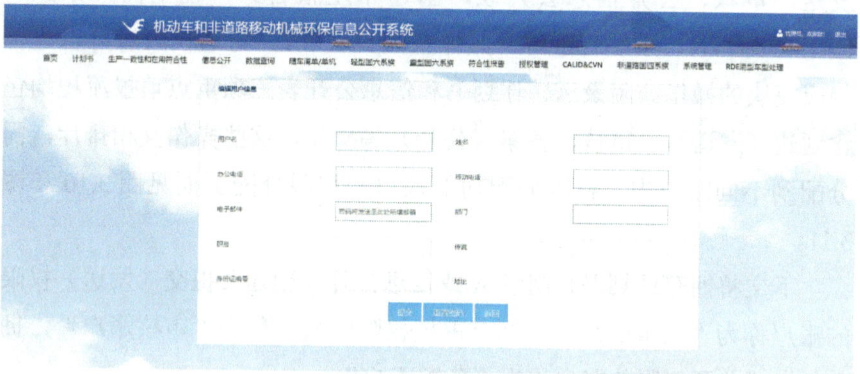

图 3.8　新增账户页面

2. 修改账户

在列表操作栏中点击修改按钮“✎”，可修改已创建账户的信息。修改账户页面见图 3.9。

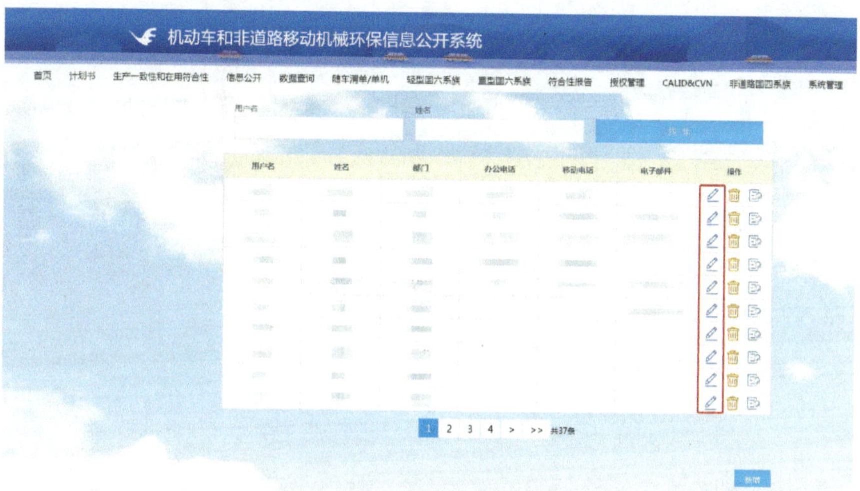

图 3.9　修改账户页面

3. 权限分配

在列表操作栏中点击修改按钮“ ”，可进行权限分配操作。企业可分配的权限包括计划书、生产一致性和在用符合性、信息公开、数据查询、随车清单 / 单机、报告管理、授权管理、其他操作（创建、发送、审核、公开信息公开表，创建年度报告）、轻型国六系族、CAL ID&CVN、系统管理等，具体权限见表 3.2。勾选权限后可以进行相应模块的操作。附录 A、计划书和信息公开表三项重点填报流程均包含创建（发送）、审核、备案（公开）等操作，这些操作互相排斥，需分配到不同账户中。权限分配功能入口和权限分配页面见图 3.10 和图 3.11。

下文将拥有计划书、附录 A 或信息公开表创建及提交（发送）权限的账户称为“填报账户”，拥有审核权限的账户称为“审核账户”，拥有备案或公开权限的账户称为“备案账户”。

图 3.10　权限分配功能入口

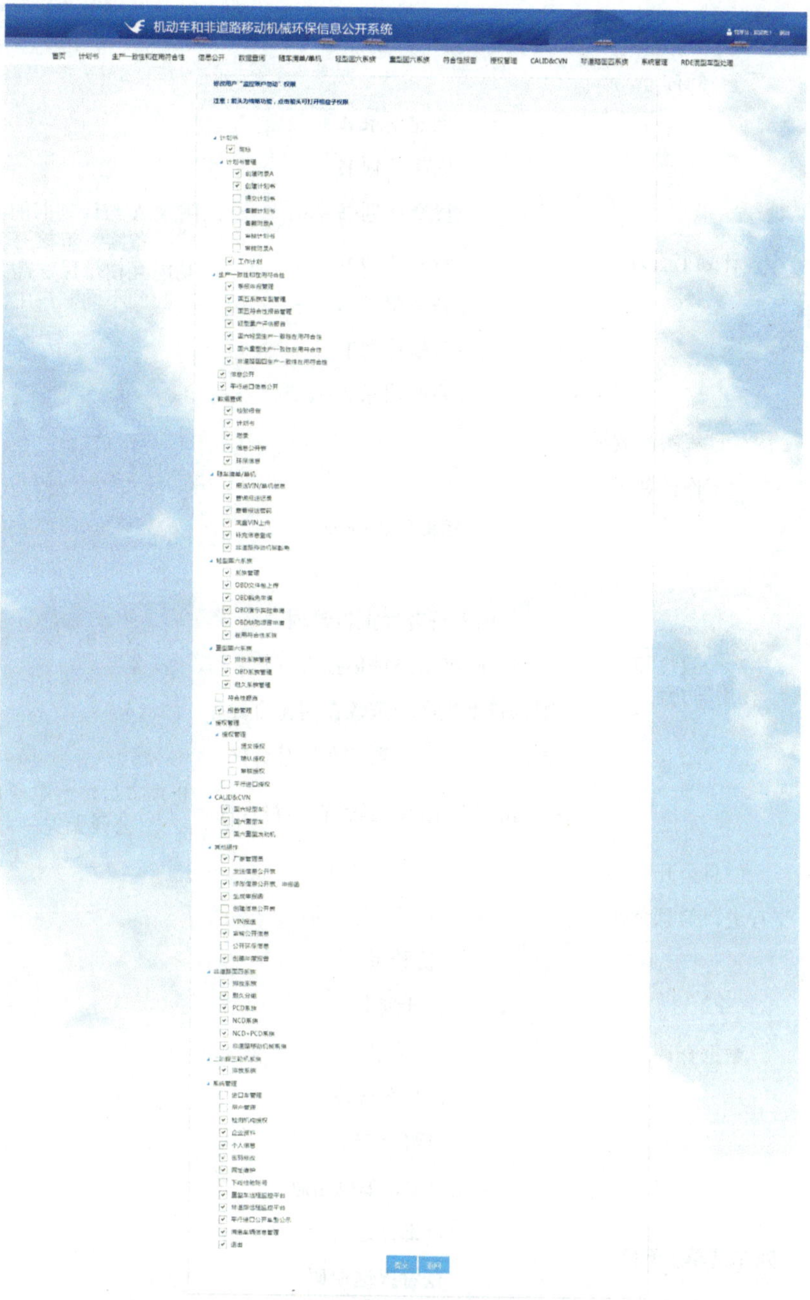

图 3.11 权限分配页面

表 3.2　权限分配清单

<table>
<tr><th colspan="2">一级菜单</th><th>二级菜单</th><th>备注</th></tr>
<tr><td rowspan="10">计划书</td><td>商标</td><td>—</td><td>—</td></tr>
<tr><td rowspan="7">计划书管理</td><td>创建附录 A</td><td rowspan="7">附录 A 与计划书的创建、备案、审核三项功能互相排斥，需分配到不同账户中</td></tr>
<tr><td>创建计划书</td></tr>
<tr><td>提交计划书</td></tr>
<tr><td>备案计划书</td></tr>
<tr><td>备案附录 A</td></tr>
<tr><td>审核计划书</td></tr>
<tr><td>审核附录 A</td></tr>
<tr><td>耐久过程实验数据</td><td>—</td><td>—</td></tr>
<tr><td>工作计划</td><td>—</td><td>—</td></tr>
<tr><td colspan="2" rowspan="7">生产一致性和在用符合性</td><td>季报年报管理</td><td rowspan="6">—</td></tr>
<tr><td>国五系族车型管理</td></tr>
<tr><td>国五符合性报告管理</td></tr>
<tr><td>轻型量产评估报告</td></tr>
<tr><td>国六轻型生产一致性在用符合性</td></tr>
<tr><td>国六重型生产一致性在用符合性</td></tr>
<tr><td>非道路国四生产一致性在用符合性</td><td>此权限与轻型车信息公开无关</td></tr>
<tr><td colspan="2">信息公开</td><td>—</td><td>—</td></tr>
<tr><td colspan="2">平行进口信息公开</td><td>—</td><td>—</td></tr>
<tr><td colspan="2" rowspan="5">数据查询</td><td>检验报告</td><td rowspan="5">—</td></tr>
<tr><td>计划书</td></tr>
<tr><td>附录</td></tr>
<tr><td>信息公开表</td></tr>
<tr><td>环保信息</td></tr>
<tr><td colspan="2" rowspan="4">随车清单 / 单机</td><td>报送 VIN/ 单机信息</td><td rowspan="4">—</td></tr>
<tr><td>查询报送记录</td></tr>
<tr><td>查看报送密码</td></tr>
<tr><td>底盘 VIN 上传</td></tr>
</table>

一级菜单		二级菜单	备注
随车清单 / 单机		补充信息查询	—
		轻型车豁免	
轻型国六系族		系族管理	—
		OBD 文件包上传	
		OBD 豁免申请	
		OBD 演示实验申请	
		OBD 缺陷项目申请	
重型国六系族		排放系族管理	此权限与轻型车信息公开无关
		OBD 系族管理	—
		耐久系族管理	
符合性报告		—	—
报告管理		—	—
授权管理	授权管理	提交授权	—
		确认授权	
		审核授权	
	平行进口授权	—	—
CAL ID&CVN		国六轻型车	—
		国六重型车	
		国六重型发动机	
其他操作		厂家管理员	信息公开表的创建、备案、审核公开三项功能互相排斥，需分配到不同账户中
		发送信息公开表	
		创建信息公开表	
		审核信息公开表	
		公开信息公开表	
		创建年度报告	
非道路国四系族		排放系族	此权限与轻型车信息公开无关
		耐久分组	
		PCD 系族	

一级菜单	二级菜单	备注
非道路国四系族	NCD 系族	此权限与轻型车信息公开无关
	NCD+PCD 系族	
	轻型车系族	
二阶段三轮机系族	排放系族	此权限与轻型车信息公开无关
系统管理	进口车管理	—
	检测机构授权	
	企业资料	
	个人信息	
	密码修改	
	网址维护	
	下线检验账号	
	重型车远程监控平台	
	非道路远程监控平台	
	平行进口公开车型公示	
	滞港车辆信息管理	
	退出	

（二）检验机构授权

检验机构授权功能主要是企业选择检验机构进行授权，授权后的检验机构可以下载附录等信息。选择“系统管理”→“检测机构授权”菜单进入授权页面，见图 3.12。在对应检验机构的操作栏点击图标可以进行授权或取消授权操作，显示为“”的检验机构未获得授权，点击“”可为其授权，显示为“”的检验机构已获得授权，点击“”可取消授权。

图 3.12　检验机构授权页面

（三）企业资料

选择“系统管理”→“用户管理”菜单进入企业资料页面，见图 3.13。可以查看或修改企业信息，修改后点击“提交”保存修改信息。企业名称、地址、法定代表人、企业代码和电子邮箱等信息不可修改。

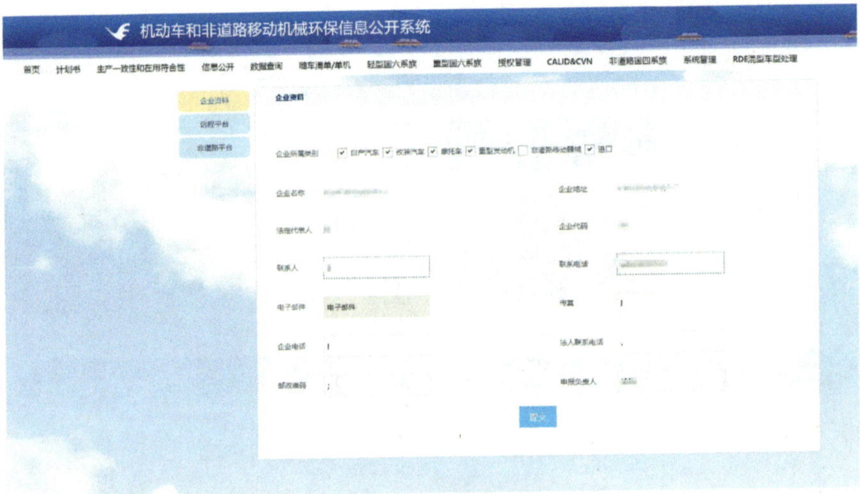

图 3.13　企业资料页面

（四）个人信息

选择“系统管理”→“个人信息”菜单进入详细页面，可查看当前账户已有权限和相关信息，可对部分个人信息进行修改，修改后点击“提交”保存修改信息。用户名和电子邮件不可修改。个人信息页面见图3.14。

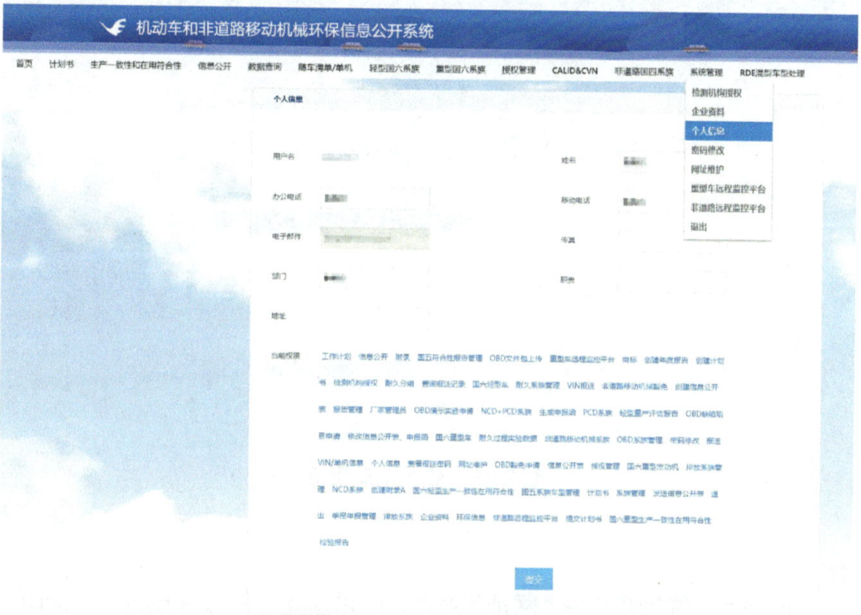

图 3.14　个人信息页面

（五）密码修改

选择“系统管理”→“密码修改”菜单进入修改密码页面。用户可对系统的登录密码进行修改，修改完成后点击“提交”。修改密码页面见图 3.15。

图 3.15　修改密码页面

（六）网址维护

点击“系统管理”→“网址维护”，可以新增、修改和删除企业网址。网址维护页面见图 3.16。

图 3.16　网址维护页面

第四章

轻型车环保信息公开

鲁嘉欣

《中华人民共和国大气污染防治法》第五十二条、第五十五条明确了机动车、非道路移动机械生产企业应当向社会公开检验信息、污染控制技术信息和有关维修技术信息。此外，第一百一十一条明确了违反信息公开的罚则以及省级以上人民政府生态环境主管部门的监管职能。

《关于开展机动车和非道路移动机械环保信息公开工作的公告》（国环规大气〔2016〕3 号）是对《中华人民共和国大气污染防治法》要求的进一步明确，此公告明确了机动车和非道路移动机械生产、进口企业是信息公开的主体；明确了企业基本信息、污染控制技术信息，以及包括型式检验、生产一致性检验、在用符合性检验和出厂检验信息，包括检测结果、检验条件、仪器设备、检测机构信息等在内的排放检验信息是信息公开内容；明确了机动车生产、进口企业应在产品出厂或货物入境前，以随车清单的方式公开主要环保信息的信息公开时间和方式；明确了各省级环境保护主管部门和社会公众对信息公开的监督管理职能和义务。

《机动车环保信息公开技术规范》（HJ 1350—2024）的发布是对上述法规标准要求的全面细化和具体操作落地的指导性标准，此标准规定了机动车环保信息公开的主体、内容、时间、方式、检验技术要求，以及环保信息随车清单的样式和项目。适用于机动车生产、进口企业及检验机构开展机动车环保信息公开工作。

轻型车企业完成注册和企业管理后，可以进行环保信息公开相关操作，包括商标、系族管理、工作计划和生产一致性保证计划书、附录填报及信息公开或入库、随车清单上传、下线检验数据上传、量产车评估测试（PVE）、CAL ID&CVN 填报，并根据情况填写生产一致性和在用符合性相关情况。轻型车企业环保信息公开操作流程见图 2.1。

一、前期准备工作

在开展轻型车环保信息公开前，需要先完成商标维护、系族管理和生产一致性保证计划书的填报。

（一）商标

“商标”模块位于首页“计划书”目录下，用于维护本企业轻型车商标，可以进行商标的新增、编辑和删除操作。商标管理页面见图 4.1。

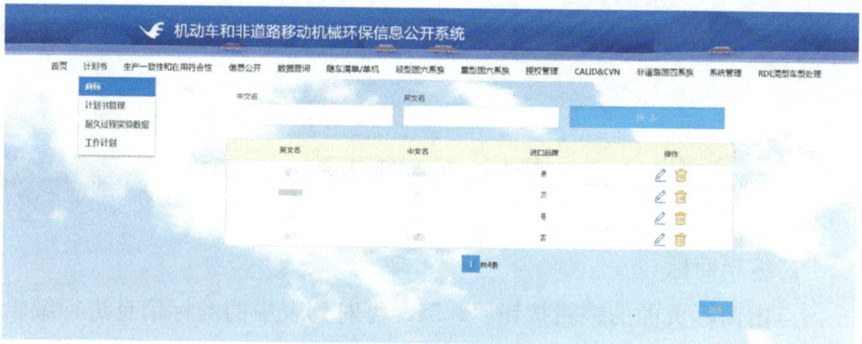

图 4.1　商标管理页面

1. 新增商标

点击商标列表页面的“新增”，在跳转页面完成商标的英文名、中文名的填报以及是否进口品牌的选择，点击“提交”即可在列表中添加一条新商标信息。新增商标页面见图 4.2。

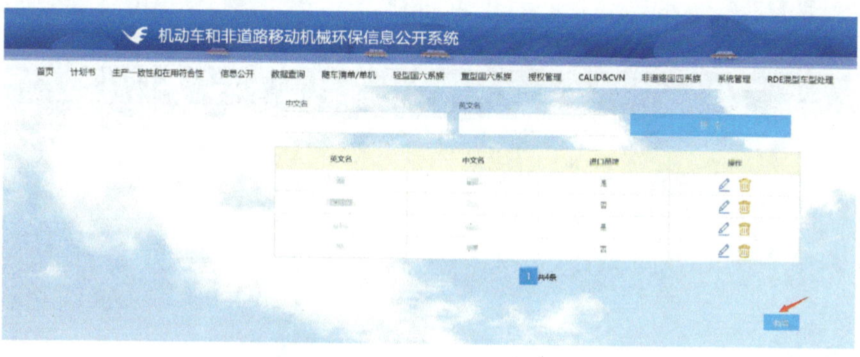

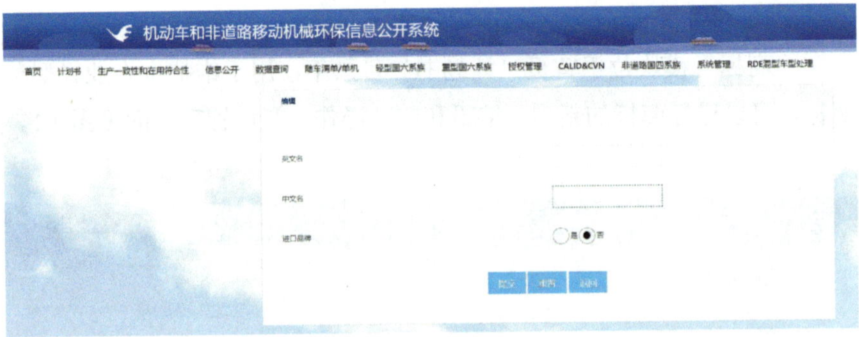

图 4.2　新增商标页面

2. 编辑商标

点击商标页面的编辑按钮“✎”，可对列表中的商标信息进行编辑修改，修改后点击“提交”即可保存修改。编辑商标页面见图 4.3。

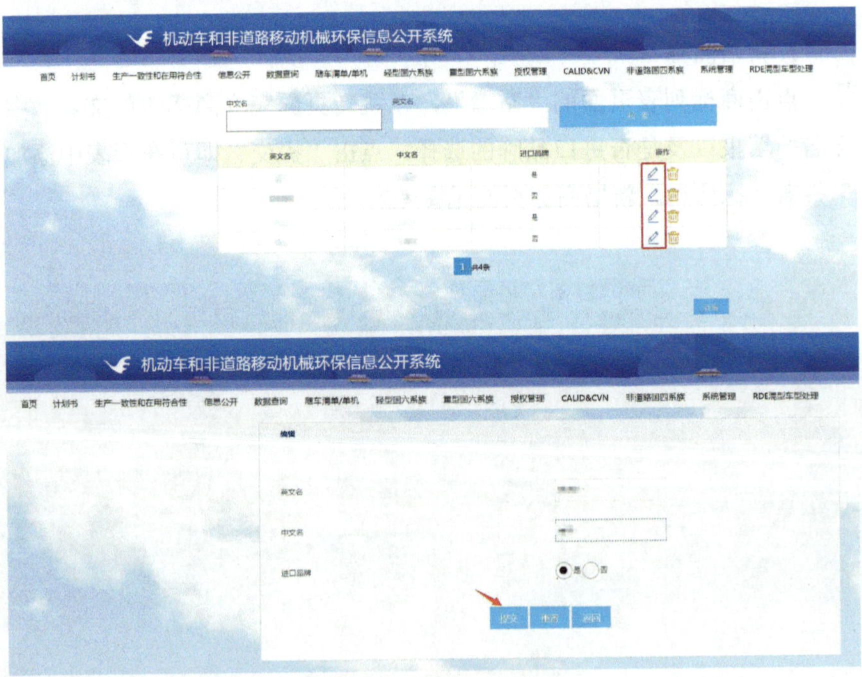

图 4.3　编辑商标页面

3. 删除商标

点击商标页面的删除按钮“ ”，并在弹出的提示框中选择“确定”，可删除列表中的商标信息。删除商标操作页面见图 4.4。

图 4.4　删除商标操作页面

（二）系族管理

系族管理对应首页“轻型国六系族”模块。可以填报系族管理、OBD 文件包上传、OBD 豁免申请、OBD 演示实验申请、OBD 缺陷项目申请。

1. 系族管理操作

在系族管理页面点击“新增”，进入相应页面。选择对应系族类别（排放耐久系族、排放系族、OBD 系族、燃油蒸发系族、蒸发耐久系族、加油耐久系族），填写对应内容及文件上传后点击“提交”，可在列表中新增一条信息。操作列可进行信息的编辑和删除操作。新增操作页面见图 4.5 ～图 4.11。

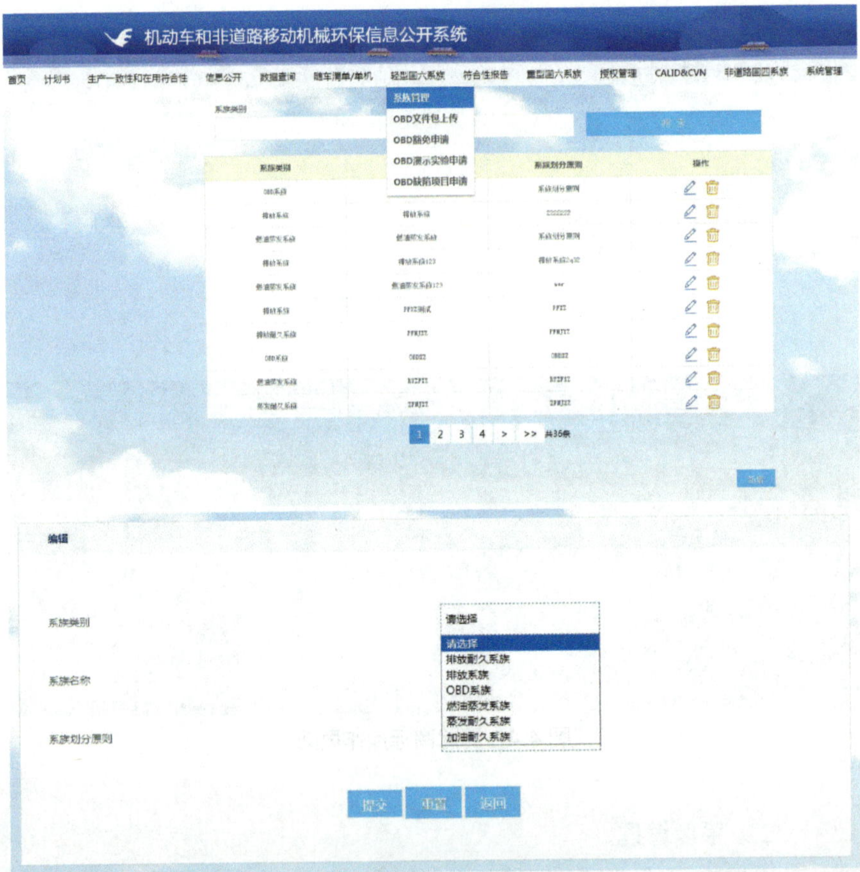

图 4.5　系族管理新增操作页面

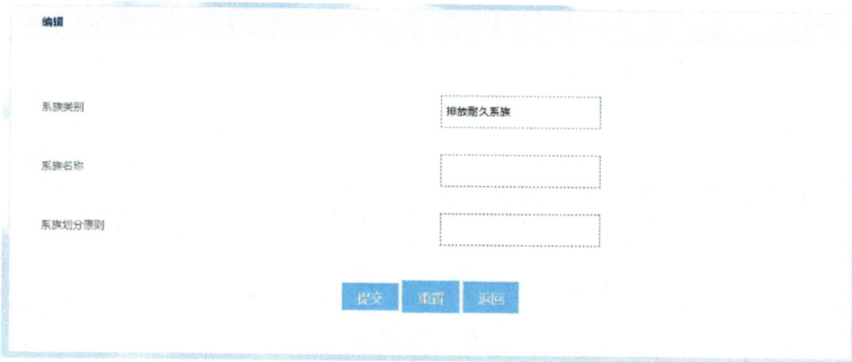

图 4.6　系族管理→排放耐久系族新增操作页面

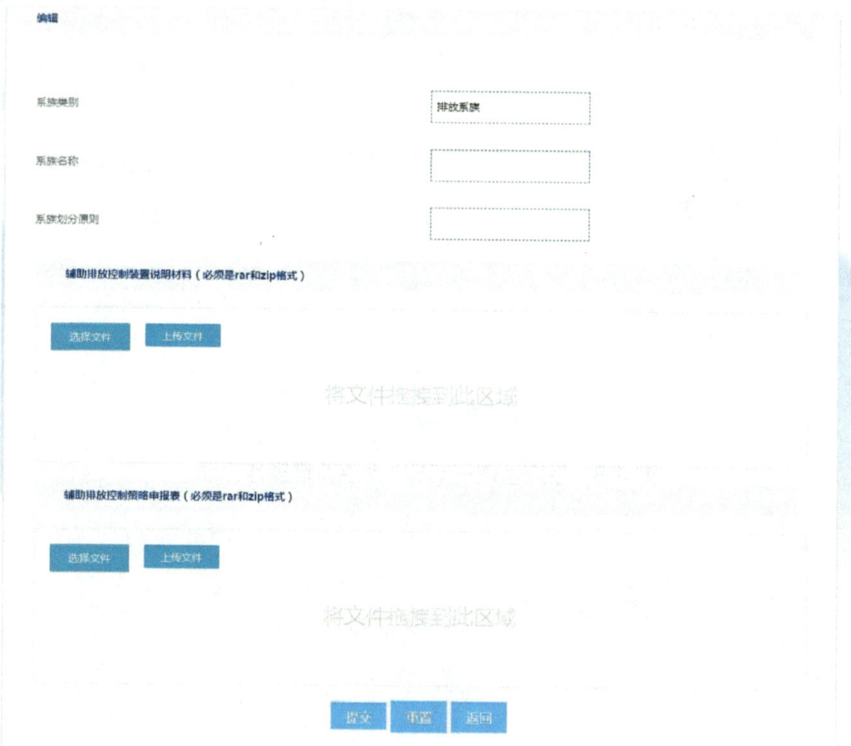

图 4.7　系族管理→排放系族新增操作页面

图 4.8　系族管理→ OBD 系族新增操作页面

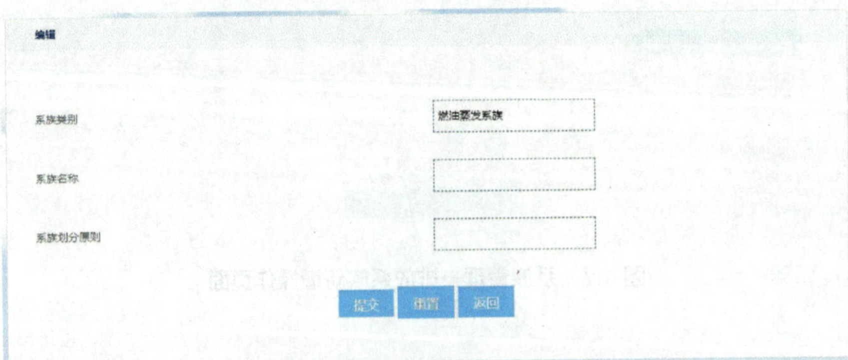

图 4.9　系族管理→燃油蒸发系族新增操作页面

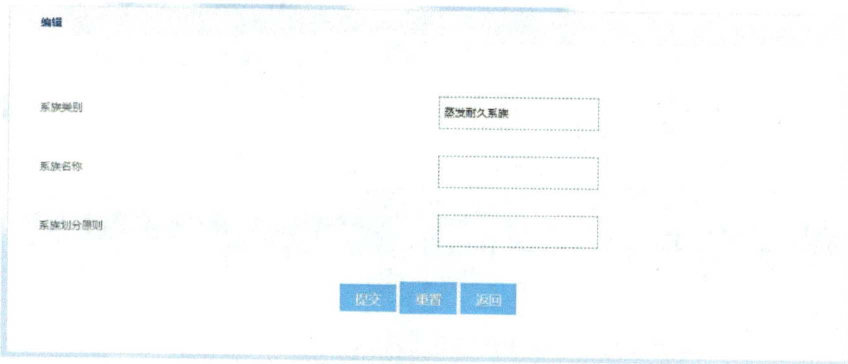

图 4.10　系族管理→蒸发耐久系族新增操作页面

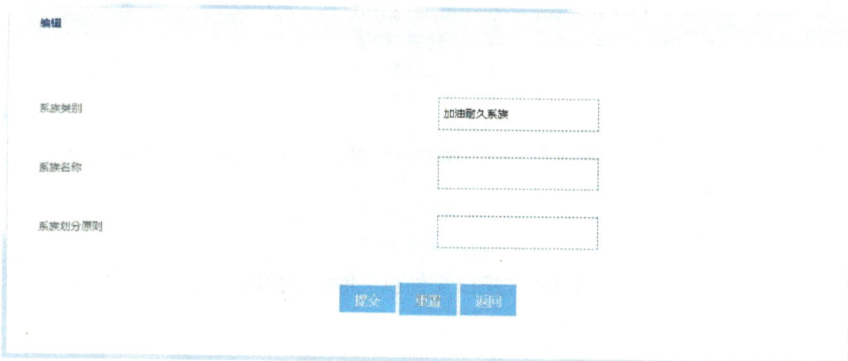

图 4.11　系族管理→加油耐久系族新增操作页面

2. OBD 文件包上传

在 OBD 文件包上传页面点击“新增”，可在页面最上端点击“OBD 文件包模板（轻型汽油车）”和“OBD 文件包模板（轻型柴油车）”下载对应填报模板，完成对应内容填报及文件上传后点击“提交”，可在列表中新增一条信息。操作列可进行信息的编辑和删除操作。OBD 文件包上传操作页面见图 4.12。

图 4.12　OBD 文件包上传操作页面

3.OBD 豁免申请

在 OBD 豁免申请页面点击“新增”，完成对应内容的填报及文件上传后点击“提交”，可在列表中新增一条信息。操作列可进行信息的编辑和删除操作。OBD 豁免申请操作页面见图 4.13。

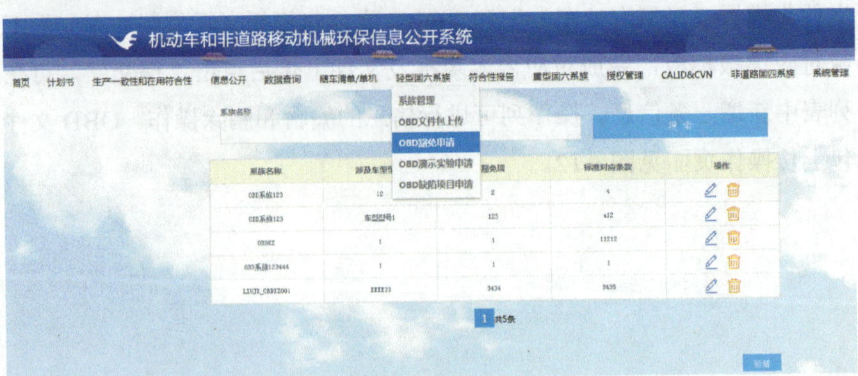

图 4.13　OBD 豁免申请操作页面

4. OBD 演示实验申请

在 OBD 演示实验申请页面点击“新增点燃式发动机汽车”或“新增压燃式发动机汽车”，完成对应内容的填报及文件上传后点击“提交”，可在列表中新增一条信息。操作列可进行信息的编辑和删除操作。OBD 演示实验申请操作页面见图 4.14。

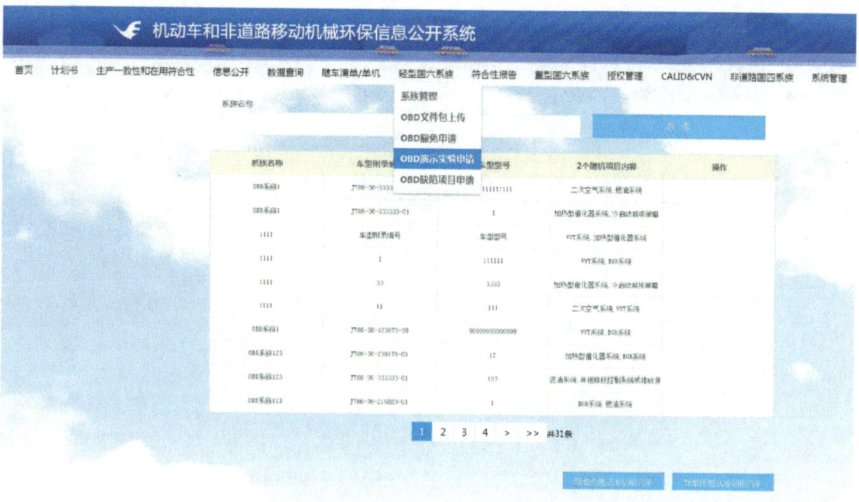

图 4.14　OBD 演示实验申请操作页面

5.OBD 缺陷项目申请

在 OBD 缺陷项目申请页面点击“新增”，完成对应内容的填报及文件上传后点击“提交”，可在列表中新增一条信息。操作列可进行信息的编辑、纠正、延期和删除等操作。OBD 缺陷项目申请操作页面见图 4.15。

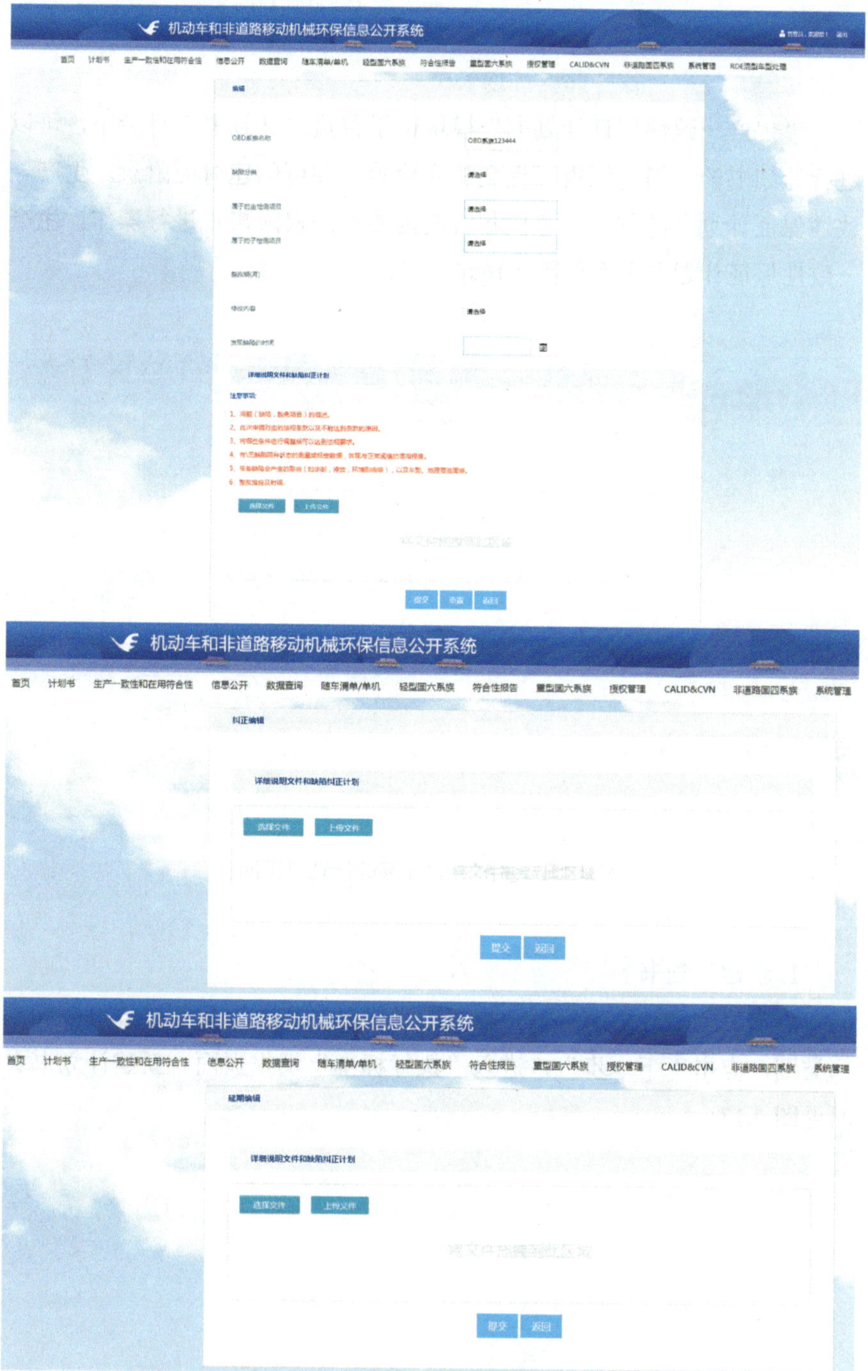

图 4.15　OBD 缺陷项目申请操作页面

（三）生产一致性保证计划书

“生产一致性保证计划书”模块位于首页“计划书”目录下，可以进行计划书的新增、编辑、提交和删除等，并可创建对应附录。生产一致性保证计划书的创建、审核和备案需要不同权限账户进行操作。生产一致性保证计划书页面见图 4.16。

图 4.16　生产一致性保证计划书页面

1. 新建计划书

点击“创建计划书”后，填写内部编号，选择对应的排放阶段和车辆类别，点击“下一步”，进入“执行标准”填报页面。新建计划书页面见图 4.17。

图 4.17　新建计划书页面

进入“执行标准”填报页面，勾选执行的国家标准，填写系族名称和企业标准，点击“保存”后系统跳转至“车辆控制”页面。执行标准填报页面见图 4.18。

图 4.18　执行标准填报页面

进入“车辆控制”页面，填写车辆质量控制相关文件，点击“保存”后系统跳转至“检测设备”页面。车辆控制填报页面见图 4.19。

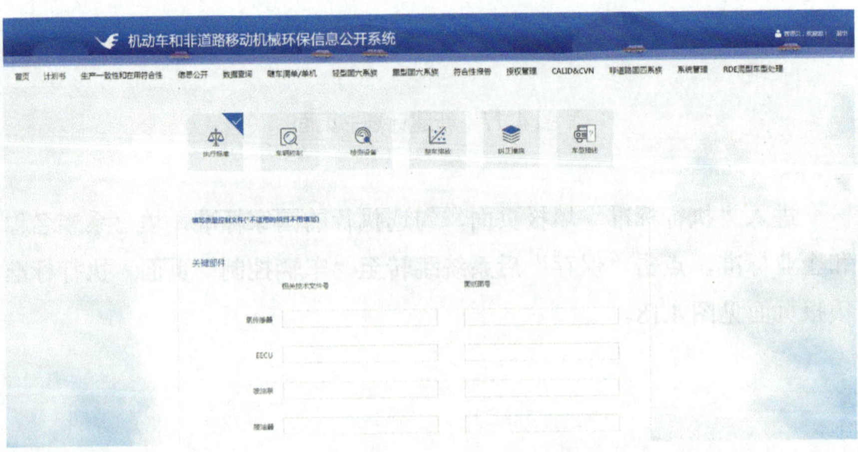

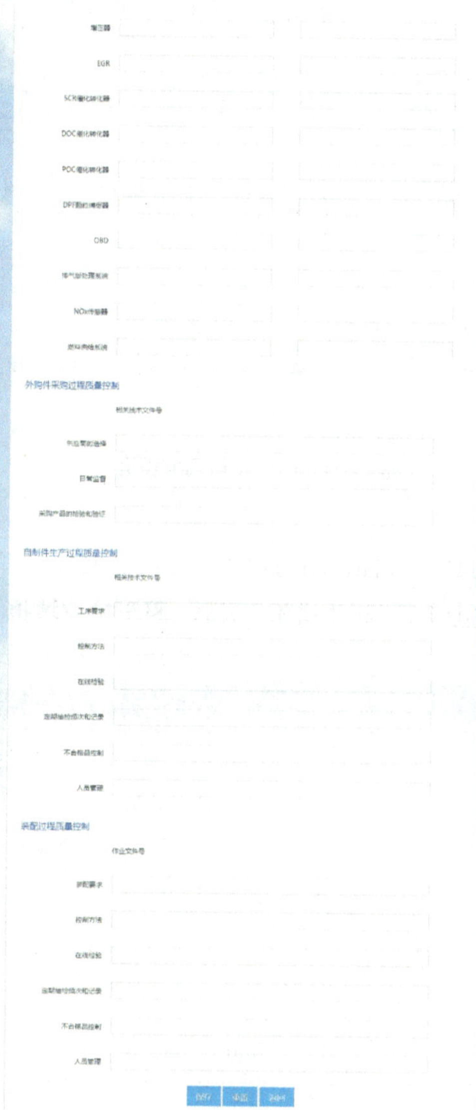

图 4.19 车辆控制填报页面

进入“检验设备”页面，填写检测设备管理相关内容，点击“保存”后系统跳转至“整车排放”页面。检验设备填报页面见图 4.20。

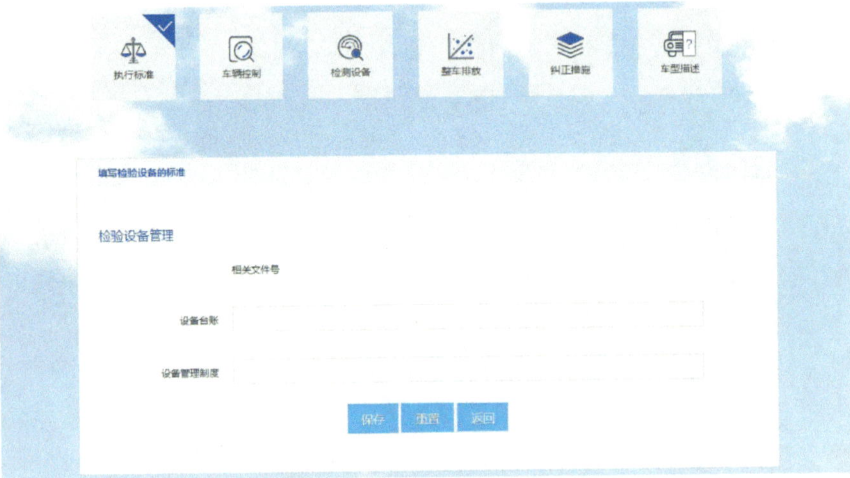

图 4.20　检验设备填报页面

进入“整车排放”页面，填写整车排放检测文件管理相关内容，点击“保存”后系统跳转至“纠正措施”页面。整车排放填报页面见图 4.21。

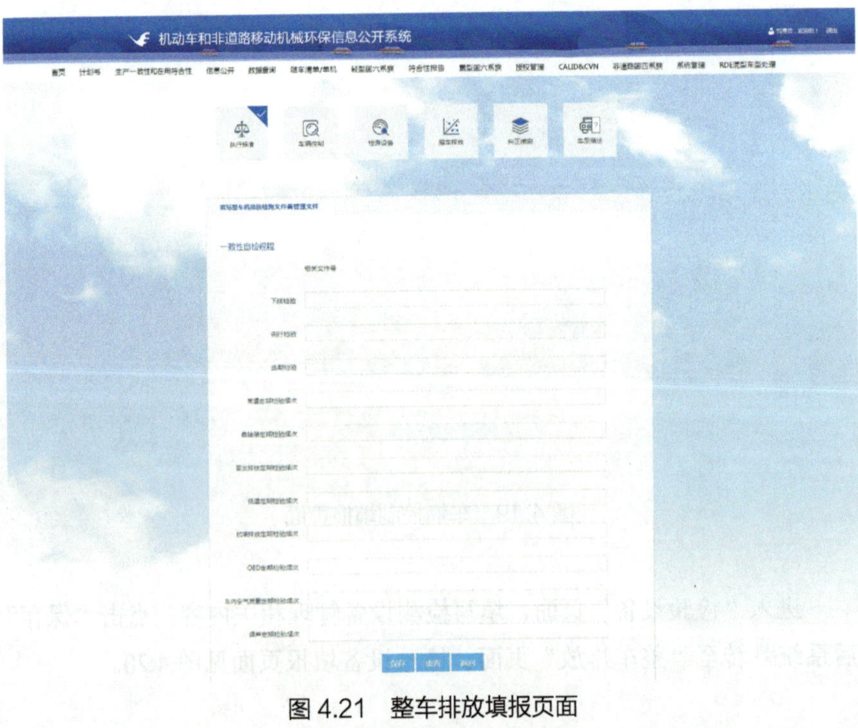

图 4.21　整车排放填报页面

进入“纠正措施”页面，填写纠正措施相关内容，点击“保存”后系统跳转至“车型描述”页面。纠正措施填报页面见图 4.22。

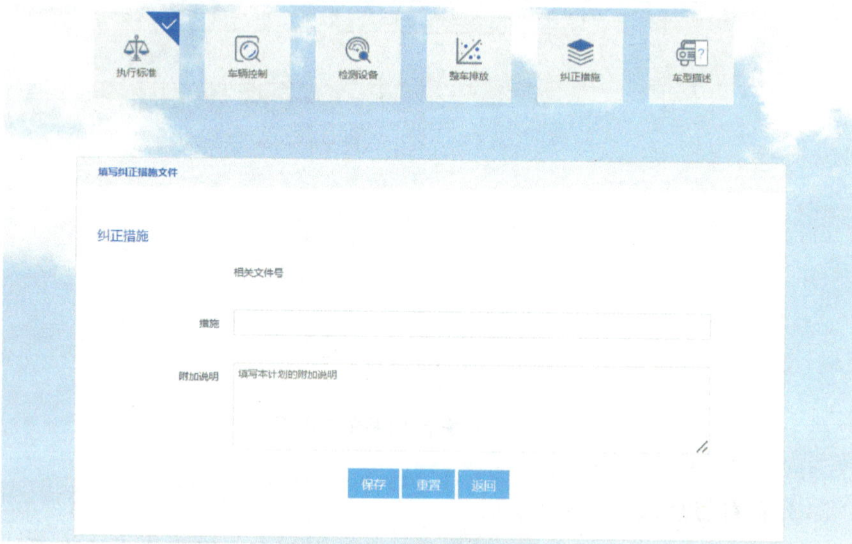

图 4.22　纠正措施填报页面

点击“车型描述”页面将进入计划书的附录列表，附录填报详见本书第四章的“二、附录填报”。车型描述页面见图 4.23。

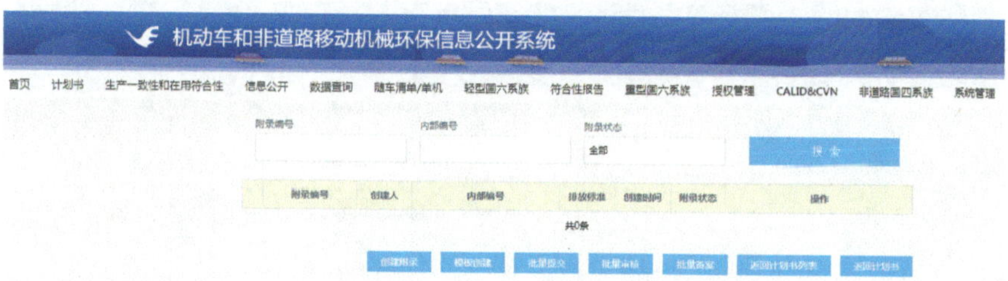

图 4.23　车型描述页面

2. 搜索计划书

计划书管理页面可根据计划书编号、内部编号和创建人搜索已创建的计划书，见图 4.24。

图 4.24　搜索计划书操作页面

3. 查看与修改

计划书管理页面可以看到已创建的计划书列表。操作栏中的查看功能“◎”可以查看对应计划书内容并进行修改。查看与修改操作页面见图 4.25。

图 4.25　查看与修改操作页面

4. 提交与批量提交

点击计划书操作列中的提交键“”，可将填报完成的工作计划表格提交至本部门审核人员进行审核。如需一次性提交多个工作计划表，可勾选对应信息，并点击右下方的“批量提交”。提交与批量提交操作页面见图 4.26。

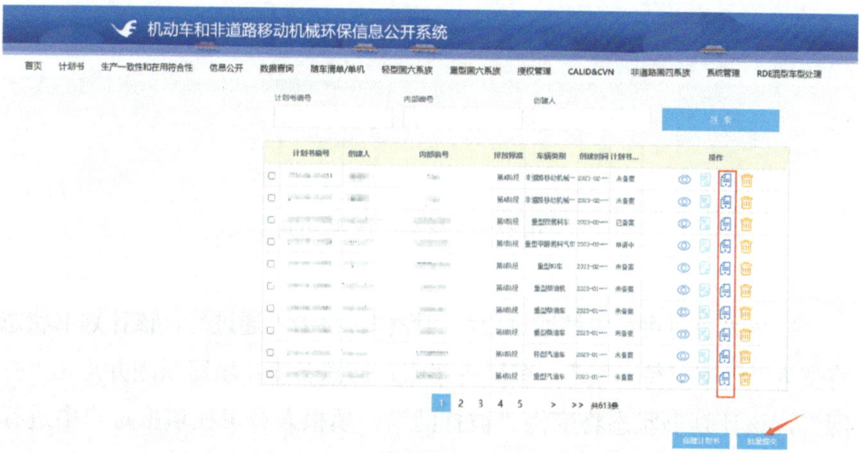

图 4.26　提交与批量提交操作页面

5. 审核与备案

填报账户在计划书列表中点击“”提交后，该计划书将提交审核账户，该计划书状态变为“申请中”。此时审核人员登录审核账户，点击对应计划书的审核按钮“”。审核账户操作页面见图 4.27。

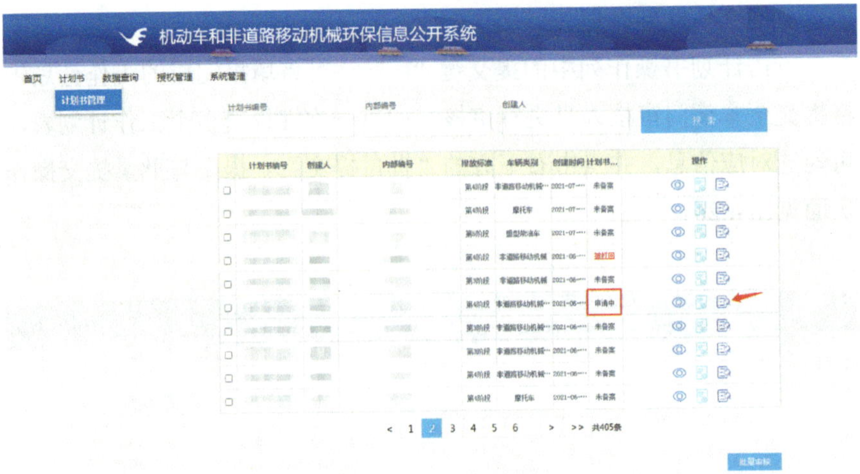

图 4.27　审核账户操作页面

审核人员可进行审核通过或打回操作。点击“通过”，该计划书状态将变为“已审核待备案”，有待备案账户同意备案；填写原因并点击“打回”，该计划书状态将变为“被打回”，填报人员可在填报账户中进行信息修改。审核操作页面见图 4.28。

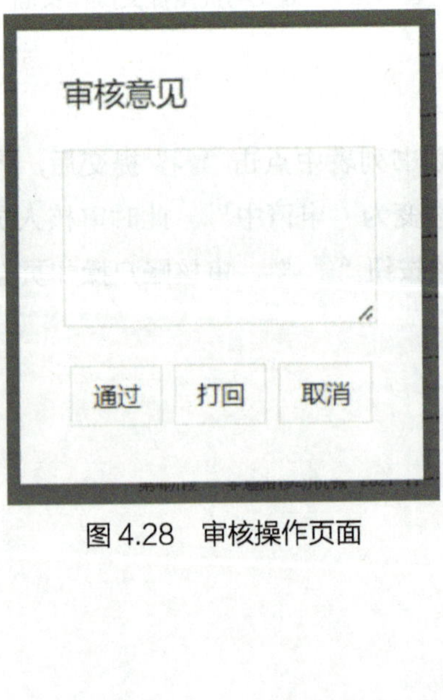

图 4.28　审核操作页面

审核人员通过后，备案人员登录备案账户，点击对应计划书的审核按钮“ ”。备案账户操作页面见图 4.29。

图 4.29　备案账户操作页面

备案人员可进行通过或打回操作。点击“通过”，该计划书状态将变为“已备案”。填写原因并点击“打回”，则该计划书状态将变为“被打回”，填报账户可进行信息修改。备案操作页面见图 4.30。

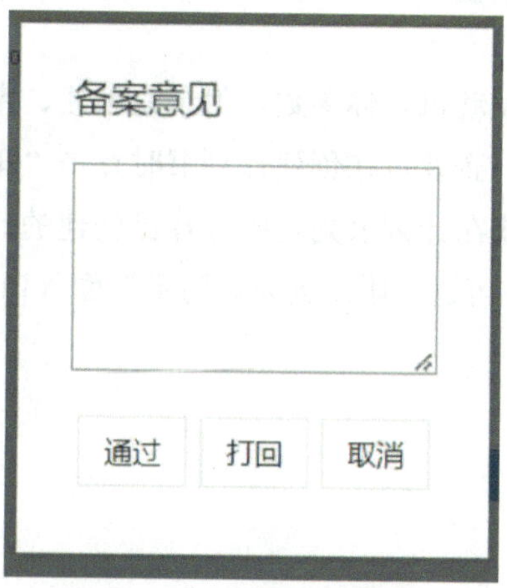

图 4.30　备案操作页面

6. 删除计划书

操作栏中删除按钮“ ”可以删除已创建的计划书。当计划书内有附录时无法直接进行删除，需将该计划书下所有附录删除后才可删除计划书。删除计划书操作页面见图 4.31。

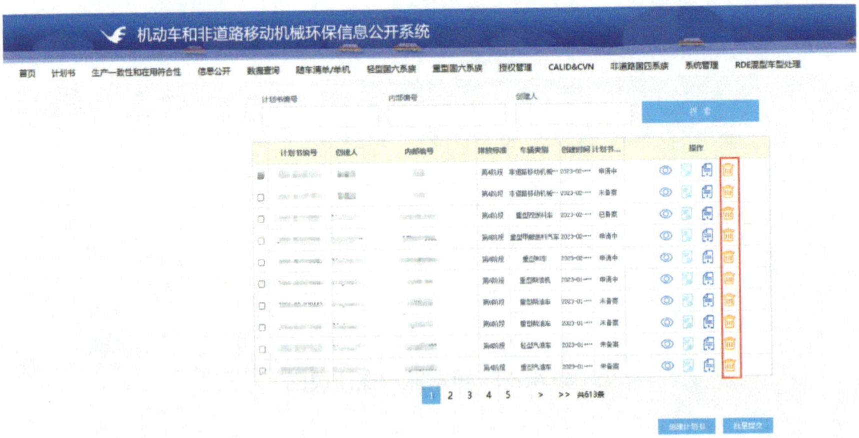

图 4.31 删除计划书操作页面

二、附录填报

附录用于填报发动机具体参数。附录的创建、审核和备案需要不同权限账户进行操作。企业可在创建计划书时点击“车型描述”进入附录列表（图 4.23）；或在计划书列表中选择已创建的计划书，点击操作列附录图标“ ”，也可进入附录列表。附录页面入口见图 4.32。

图 4.32　附录页面入口

（一）创建附录

在已创建好的轻型车计划书下，点击“创建附录”，可创建一个新的附录。点击“模板创建”，则可引用同车类同排放阶段已创建的附录，模板创建功能不支持跨车类跨排放阶段。

根据实际情况填报发动机相关信息，如不适用可不填写。轻型车创建附录操作页面见图 4.33。

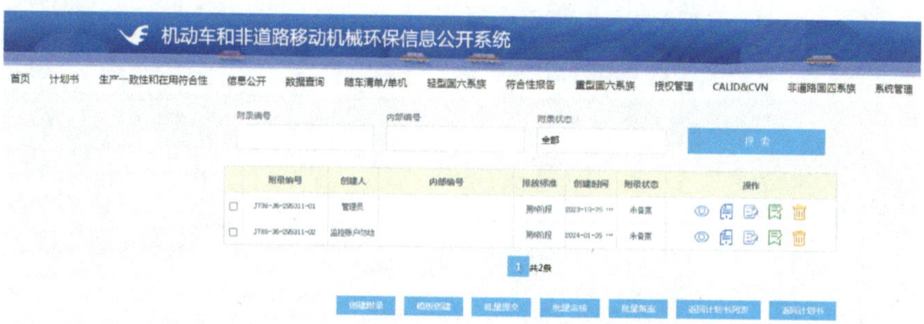

图 4.33　轻型车创建附录操作页面

下面将根据不同车型选择，分别介绍“自产整车”“整车改装或二类底盘改装”两种附录。

1. 自产整车

点击创建附录→自产整车后，进入车辆信息填报页面，填写“概述”，完成相关信息的上传，并点击“保存”，轻型车创建附录→自产整车→概述页面见图 4.34。

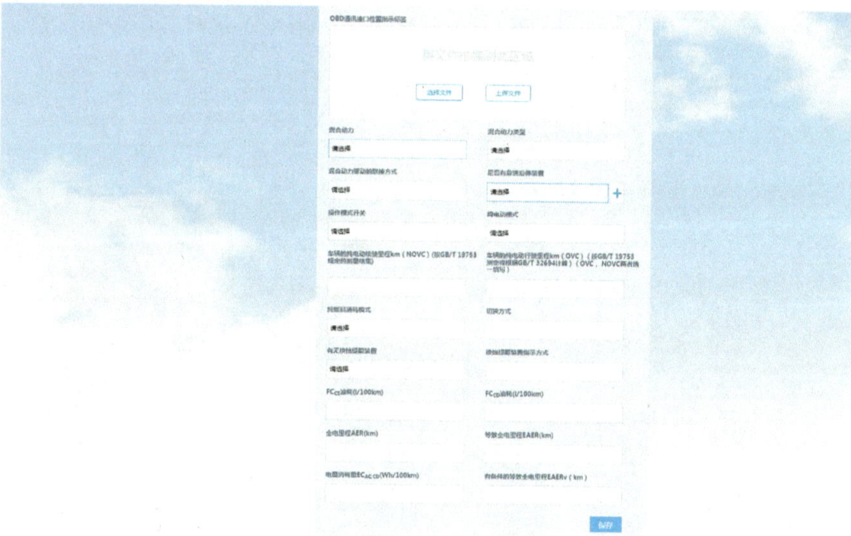

图 4.34　轻型车创建附录→自产整车→概述页面

点击“总体机构特征”，完成对应内容填报并点击“保存”。轻型车创建附录→自产整车→总体机构特征选择页面见图 4.35。

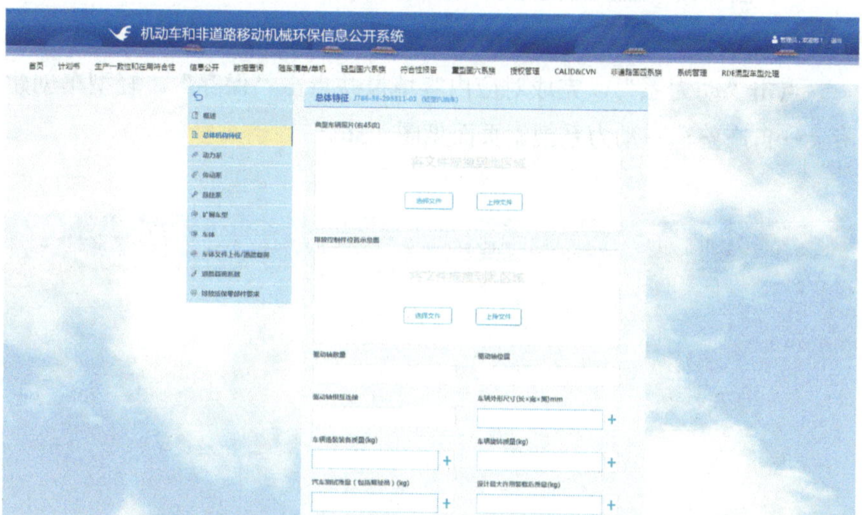

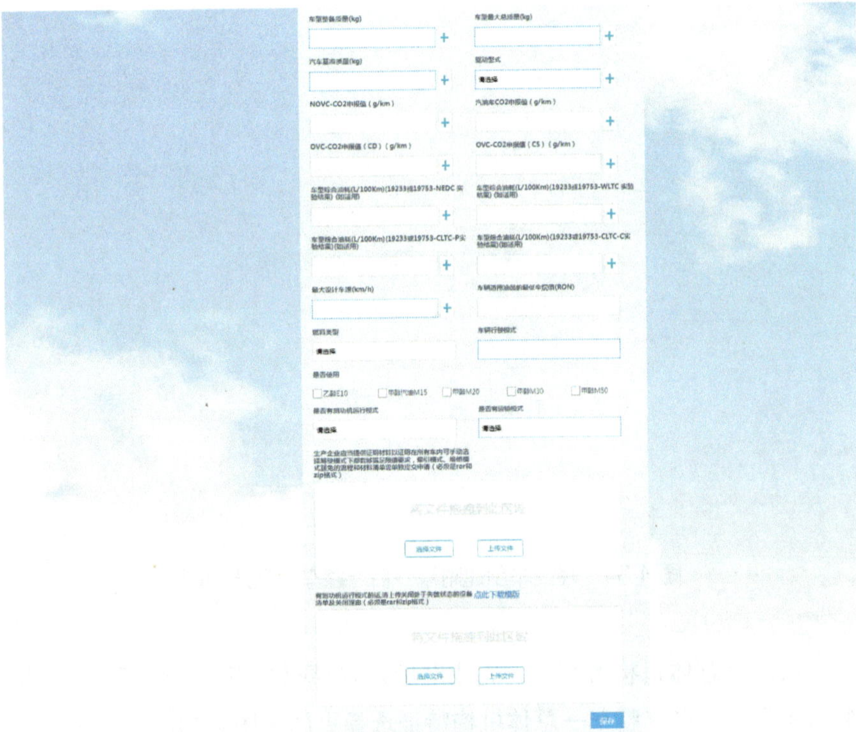

图 4.35　轻型车创建附录→自产整车→总体机构特征选择页面

点击“动力系”，完成对应内容填报并点击“保存”。轻型车创建附录→自产整车→动力系搜索页面见图 4.36。

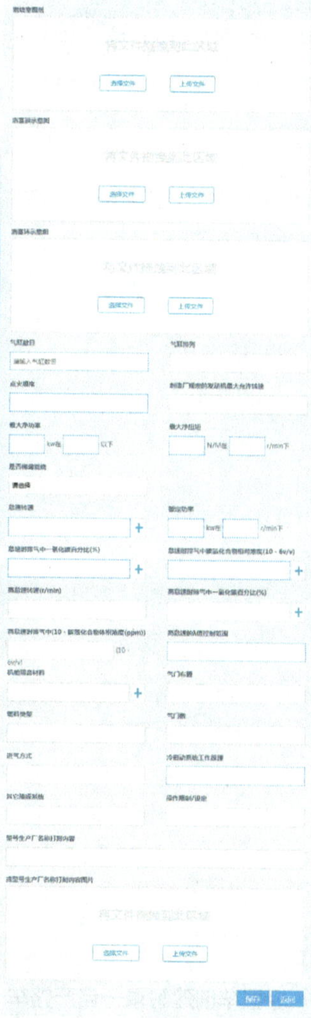

图 4.36　轻型车创建附录→自产整车→动力系搜索页面

点击“传动系”→“新增”，完成对应内容的填报并点击“保存”。轻型车创建附录→自产整车→传动系填报页面见图 4.37。

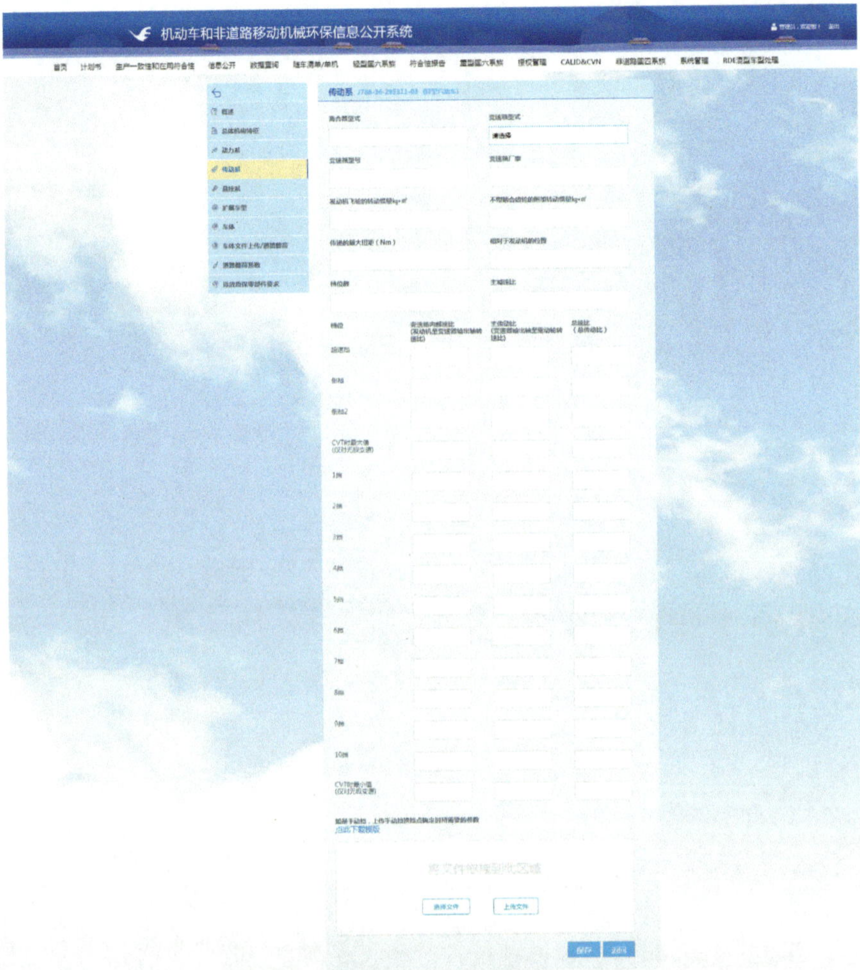

图 4.37　轻型车创建附录→自产整车→传动系填报页面

点击“悬挂系”→“新增”，完成悬挂系型式、悬挂系生产厂等内容的填报并点击“保存”。轻型车创建附录→自产整车→悬挂系填报页面见图 4.38。

图 4.38　轻型车创建附录→自产整车→悬挂系填报页面

点击“扩展车型”，完成相关内容的填报并点击“保存”。轻型车创建附录→自产整车→扩展车型填报页面见图 4.39。

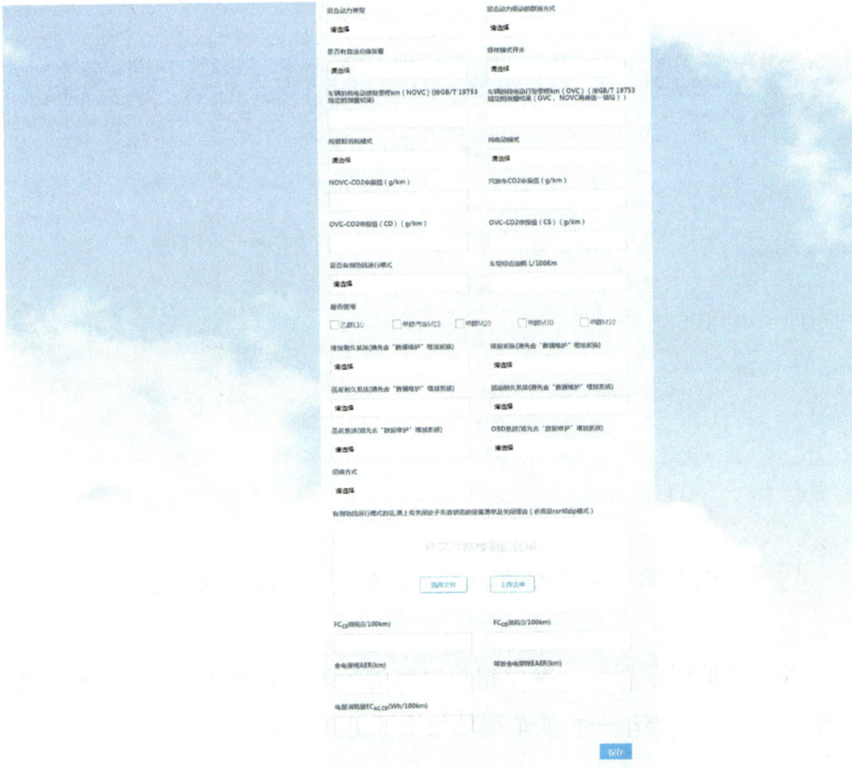

图 4.39　轻型车创建附录→自产整车→扩展车型填报页面

点击“车体”，完成相关内容的填报并点击“保存”。轻型车创建附录→自产整车→车体填报页面见图 4.40。

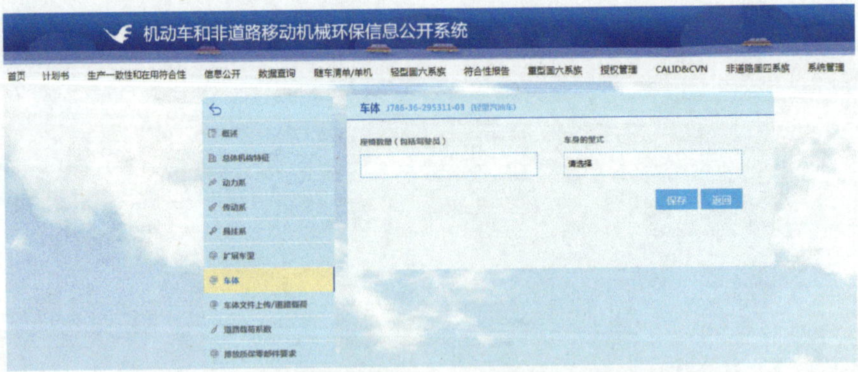

图 4.40　轻型车创建附录→自产整车→车体填报页面

点击“车体文件上传 / 道路载荷”，完成相关内容的填报并点击“保存”。轻型车创建附录→自产整车→车体文件上传 / 道路载荷填报页面见图 4.41。

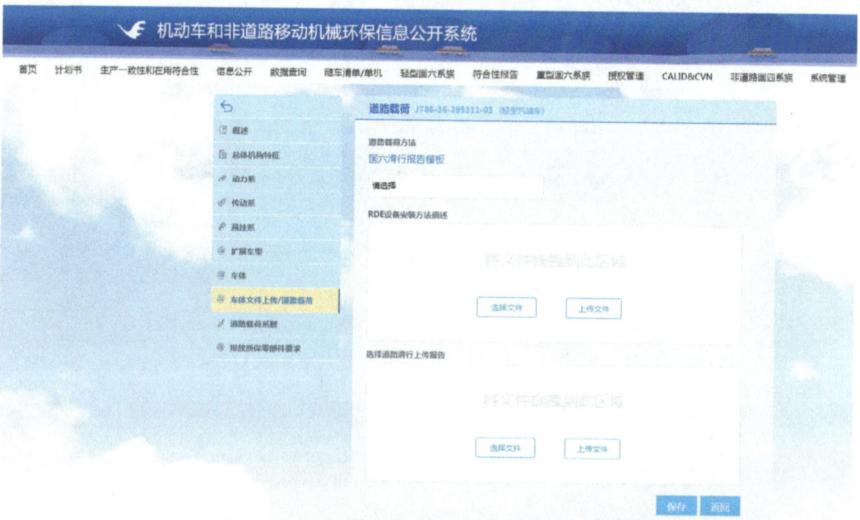

图 4.41　轻型车创建附录→自产整车→车体文件上传 / 道路载荷填报页面

点击“道路载荷系数”，完成相关内容的填报并点击“保存”。轻型车创建附录→自产整车→道路载荷系数填报页面见图 4.42。

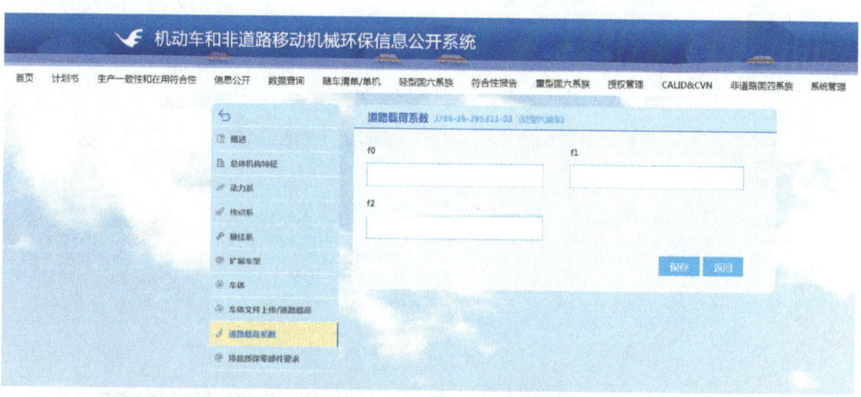

图 4.42　轻型车创建附录→自产整车→道路载荷系数填报页面

点击“排放质保零部件要求”，勾选相关内容并点击“保存”。轻型车创建附录→自产整车→排放质保零部件要求填报页面见图 4.43。

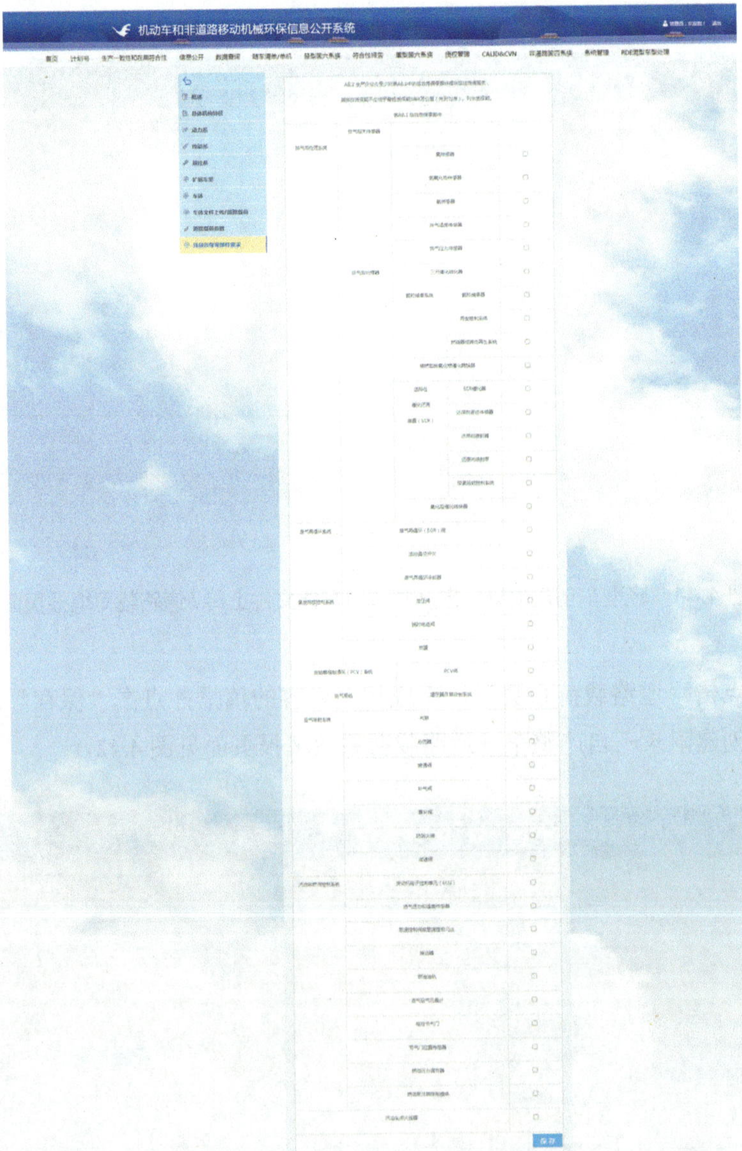

图 4.43　轻型车创建附录→自产整车→排放质保零部件要求填报页面

2. 整车改装或二类底盘改装

点击创建附录→整车改装或二类底盘改装后，根据需求填写相关信息进行搜索，再选择对应搜索结果进行附录填报。轻型车创建附录→整车改装或二类底盘改装搜索页面见图 4.44。

图 4.44　轻型车创建附录→整车改装或二类底盘改装搜索页面

进入车辆信息填报页面，填写“概述”，完成相关信息的上传并点击“保存”。轻型车创建附录→整车改装或二类底盘改装→概述填报页面见图 4.45。

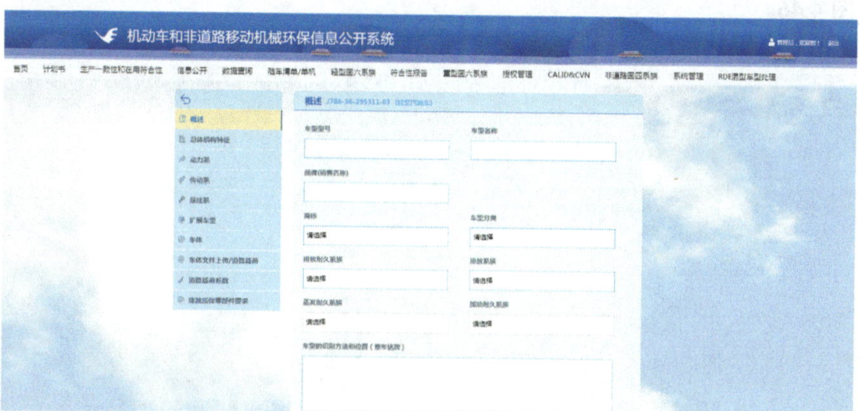

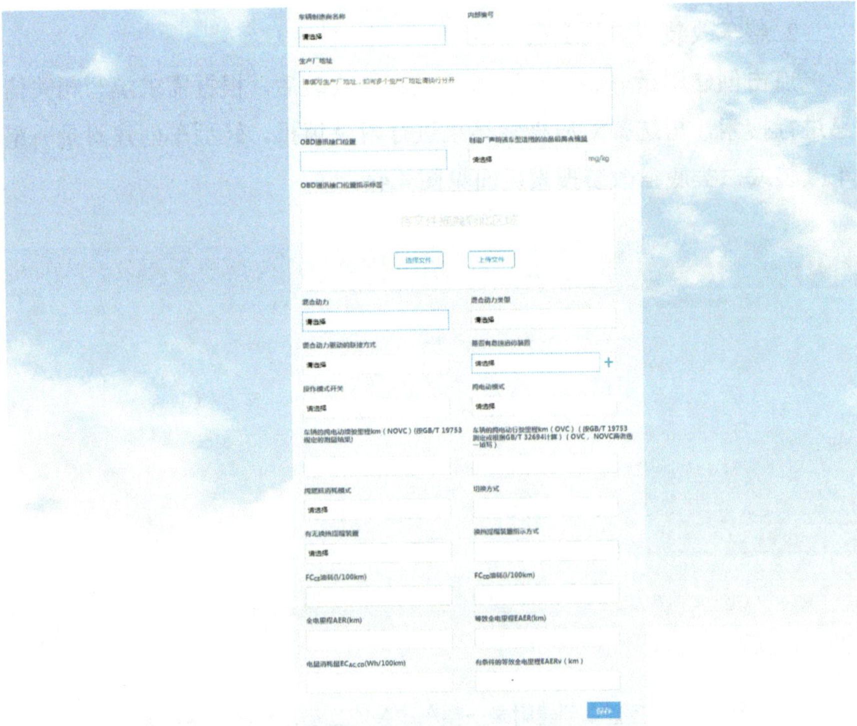

图 4.45　轻型车创建附录→整车改装或二类底盘改装→概述填报页面

点击“总体机构特征”，完成对应内容填报并点击“保存”。轻型车创建附录→整车改装或二类底盘改装→总体机构特征选择页面见图 4.46。

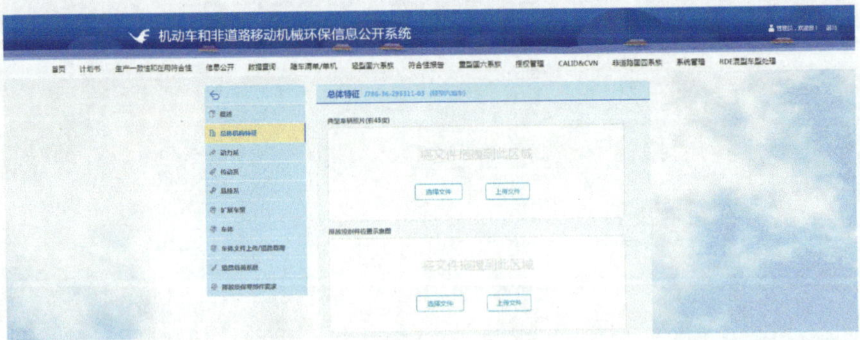

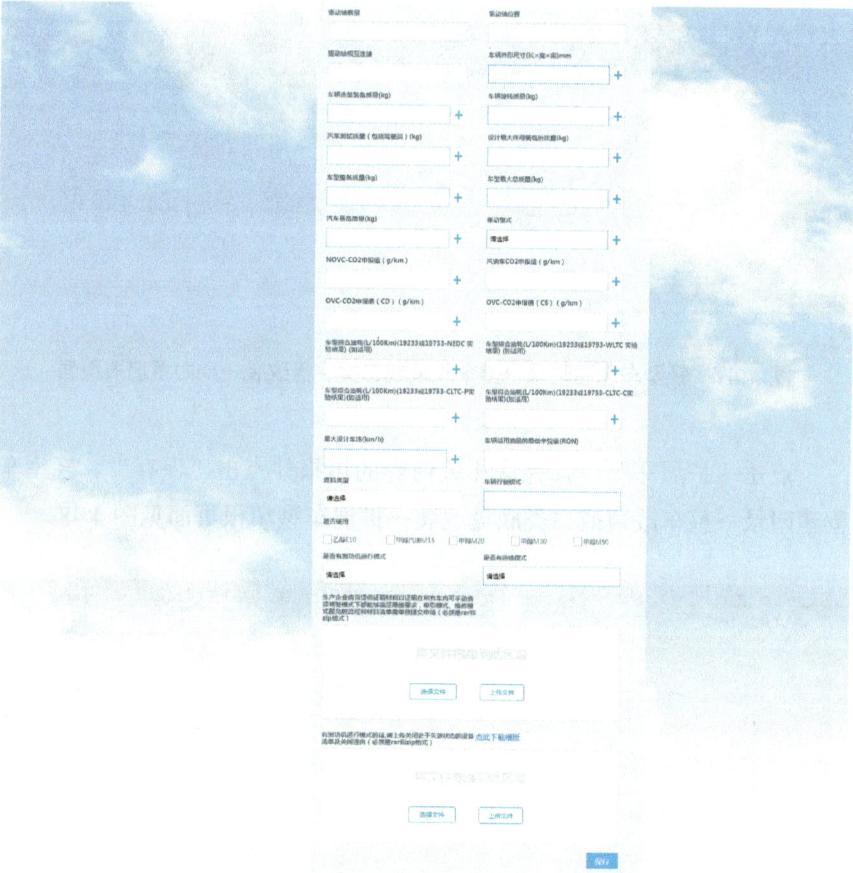

图 4.46　轻型车创建附录→整车改装或二类底盘改装→总体机构特征选择页面

点击“动力系”，页面显示原车型发动机，该发动机信息不可修改；如该车型有新增发动机，选择“新增”，根据授权给本企业的已公开或入库的发动机型号搜索，选择对应发动机。轻型车创建附录→整车改装或二类底盘改装→动力系填报页面见图 4.47。

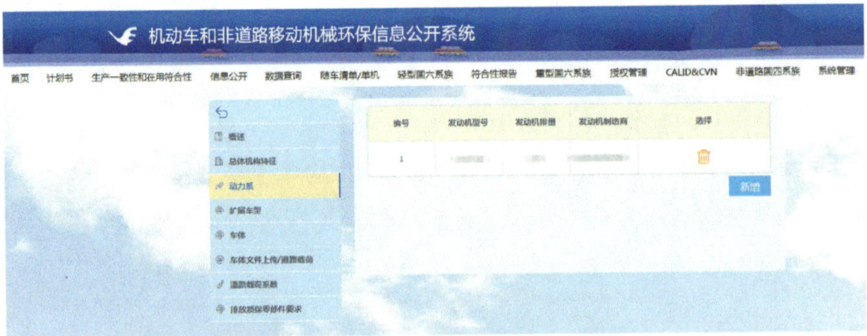

图 4.47　轻型车创建附录→整车改装或二类底盘改装→动力系填报页面

点击“扩展车型”，完成相关内容的填报并点击“保存”。轻型车创建附录→整车改装或二类底盘改装→扩展车型填报页面见图 4.48。

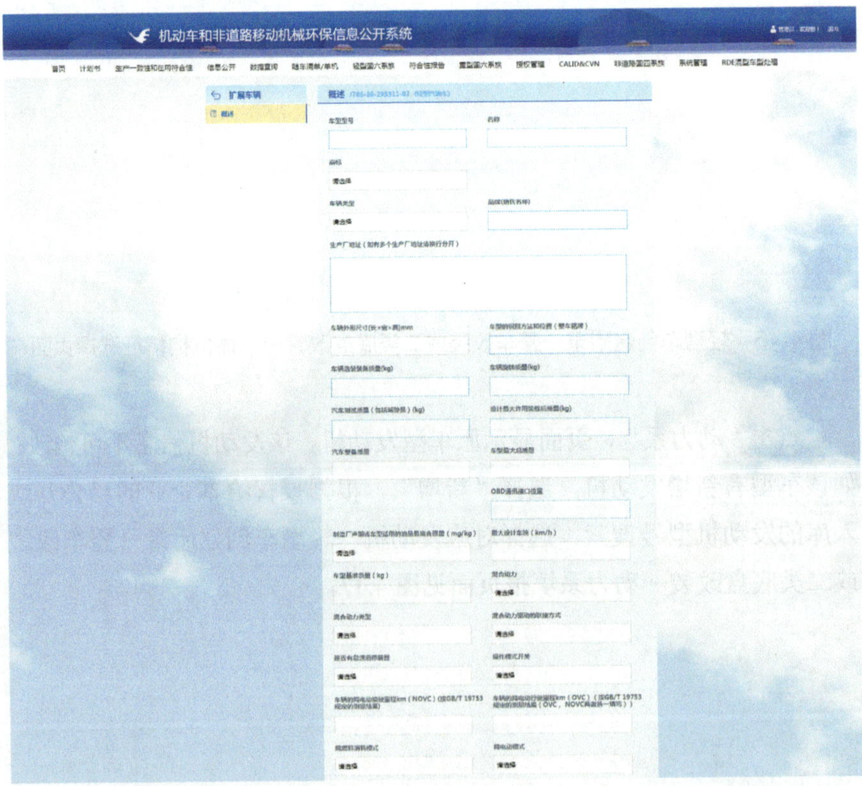

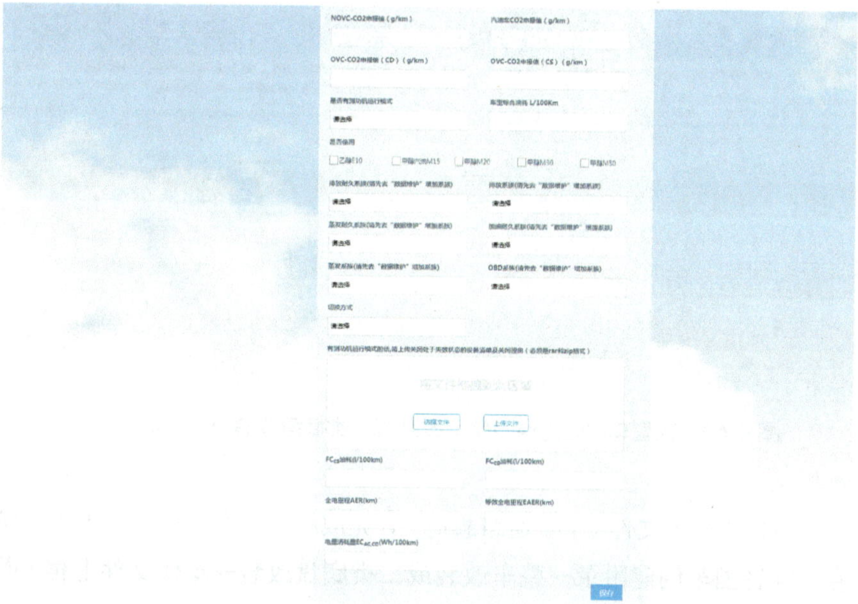

图 4.48　轻型车创建附录→整车改装或二类底盘改装→扩展车型填报页面

点击“车体”，完成相关内容的填报并点击“保存”。轻型车创建附录→整车改装或二类底盘改装→车体填报页面见图 4.49。

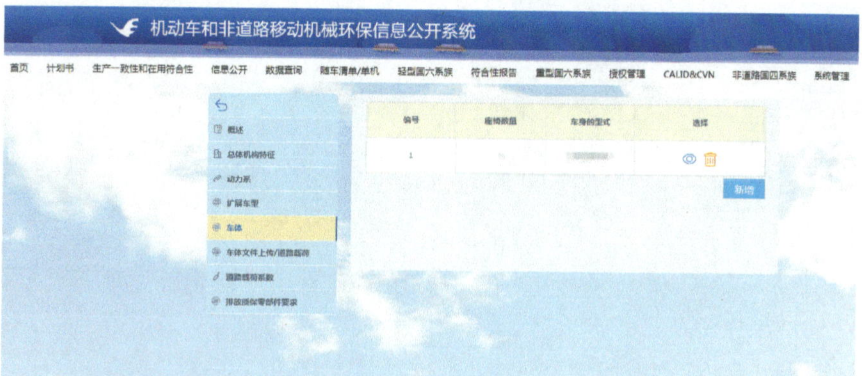

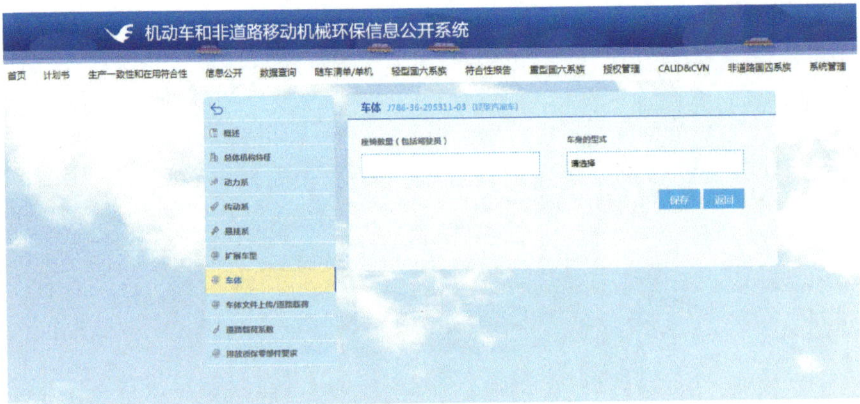

图 4.49　轻型车创建附录→整车改装或二类底盘改装→车体填报页面

点击“车体文件上传 / 道路载荷”，完成相关内容的填报并点击“保存”。轻型车创建附录→整车改装或二类底盘改装→车体文件上传 / 道路载荷填报页面见图 4.50。

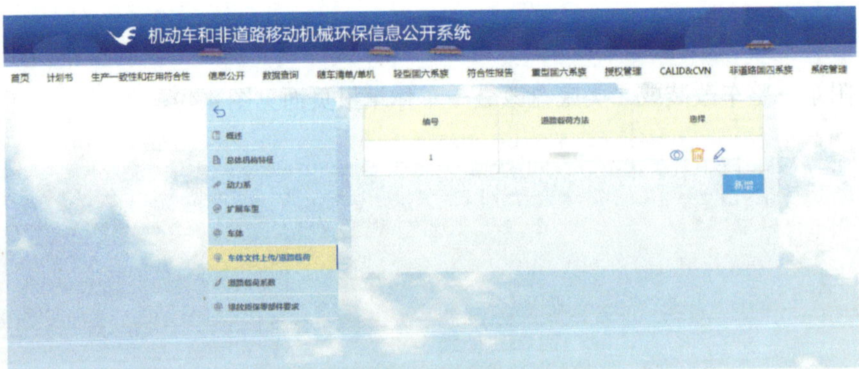

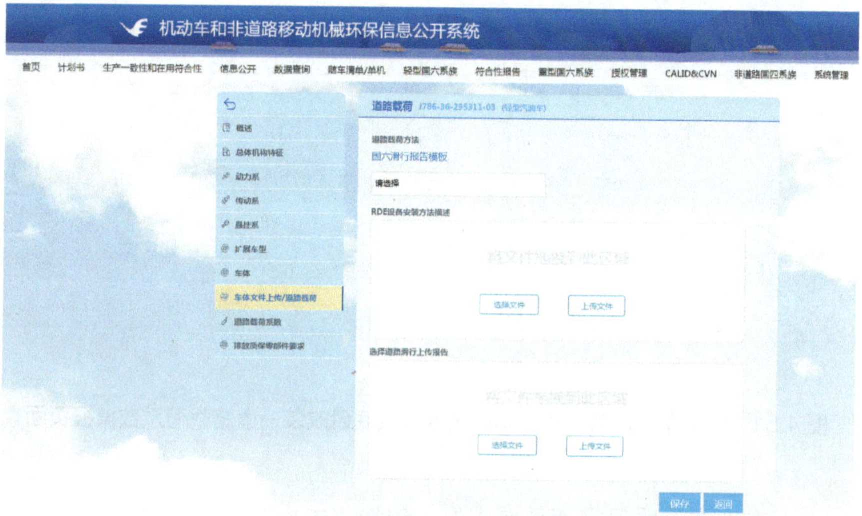

图 4.50　轻型车创建附录→整车改装或二类底盘改装→车体文件上传 / 道路载荷填报页面

点击"道路载荷系数"，完成相关内容的填报并点击"保存"。轻型车创建附录→整车改装或二类底盘改装→道路载荷系数填报页面见图 4.51。

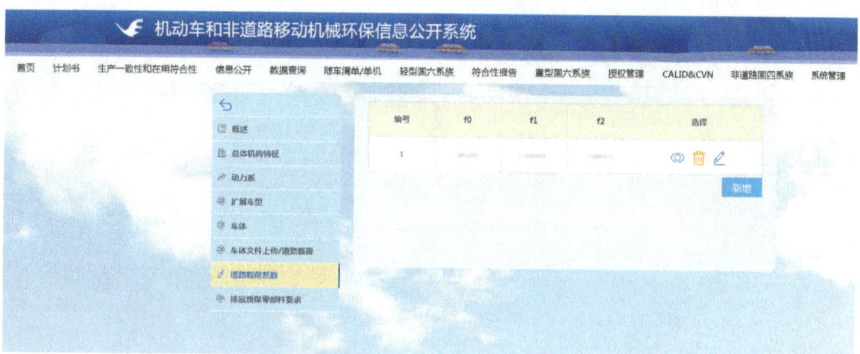

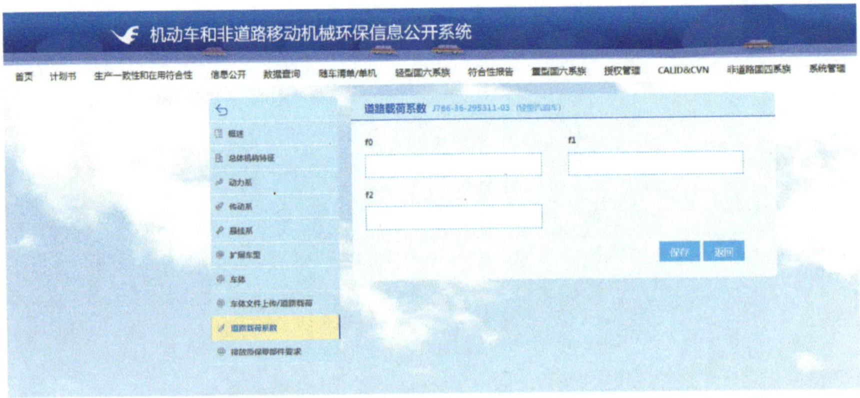

图 4.51　轻型车创建附录→整车改装或二类底盘改装→道路载荷系数填报页面

点击“排放质保零部件要求”，勾选相关内容并点击“保存”。轻型车创建附录→整车改装或二类底盘改装→排放质保零部件要求填报页面见图 4.52。

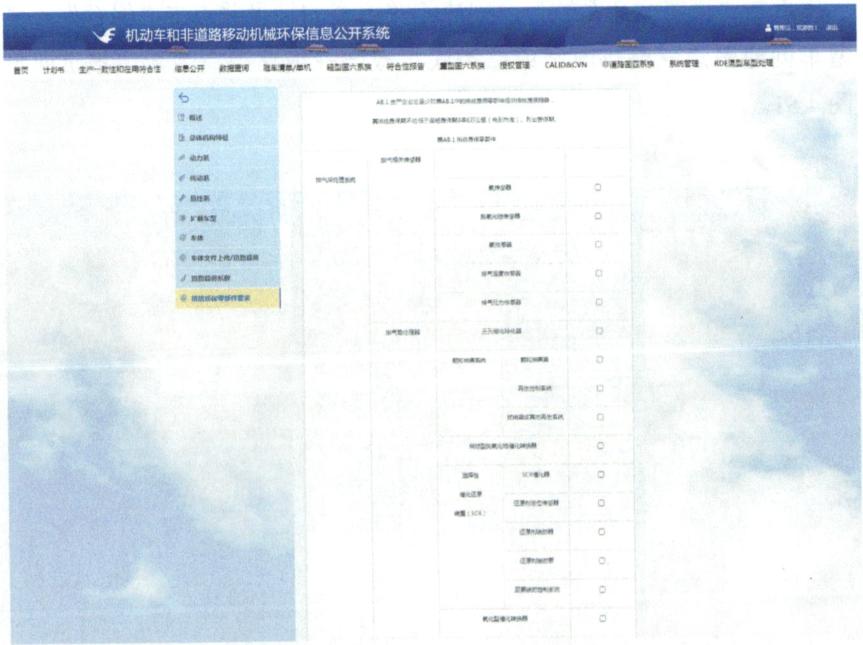

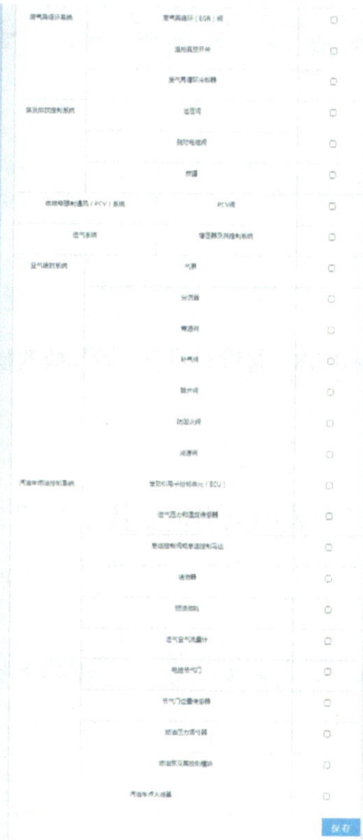

图 4.52　轻型车创建附录→整车改装或二类底盘改装→排放质保零部件要求填报页面

（二）查看与修改

完成附录创建后，在该计划书的附录列表会生成一条附录，点击操作栏查看按钮“ ”可以查看填报的附录。如该附录状态为“未备案”或“被打回”，则可对附录内容进行修改。轻型车附录查看与修改操作页面见图 4.53。

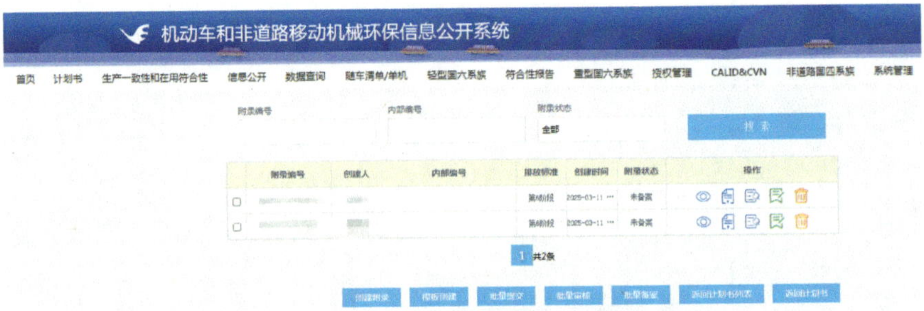

图 4.53　轻型车附录查看与修改操作页面

（三）附录备案

填报账户在附录列表中点击提交按钮“”，该附录将提交审核账户，该条附录状态显示为“申请中”。轻型车附录提交操作页面见图 4.54。

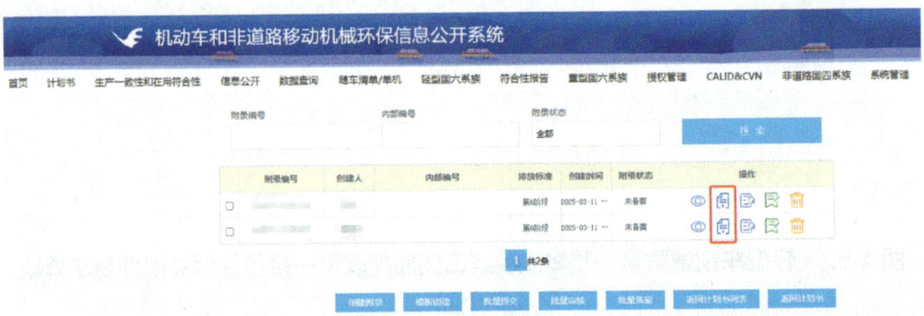

图 4.54　轻型车附录提交操作页面

此时审核人员登录审核账户，点击对应计划书的附录按钮“”，进入该计划书附录列表。审核账户操作页面见图 4.55。

图 4.55　审核账户操作页面

审核人员点击审核按钮“”可对附录状态为“申请中”的附录进行审核通过或打回操作。点击“通过”，该条附录状态将变为“已审核待备案”，由备案账户进行备案；填写原因并点击“打回”，该条附录信息状态将变为“被打回”，填报账户可进行信息修改。审核操作页面见图 4.56。

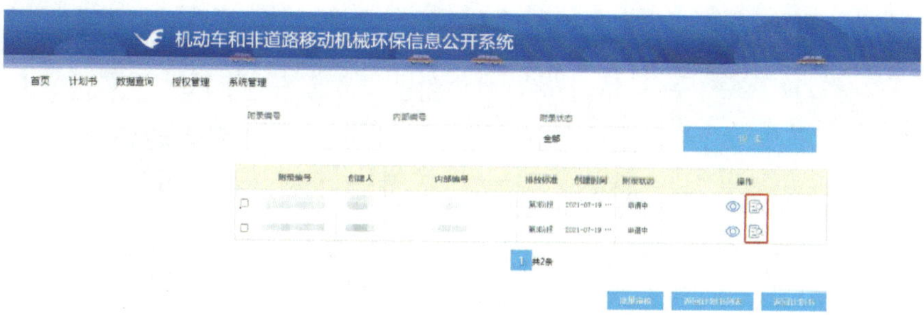

图 4.56　审核操作页面

备案人员登录备案账户，点击对应计划书的附录按钮“ ”，进入该计划书附录列表。备案账户操作页面见图 4.57。

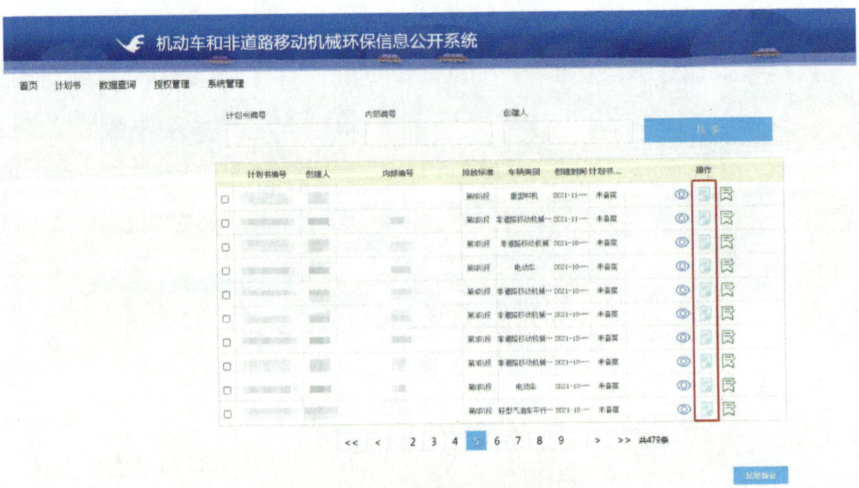

图 4.57　备案账户操作页面

备案人员点击备案按钮“”可对附录状态为“已审核待备案”的附录进行备案的通过或打回操作。点击“通过”，该条附录状态将变为“已备案”；填写打回原因并点击“打回”，则该条附录信息状态将变为“被打回”，填报账户可进行信息修改。备案操作页面见图 4.58。

图 4.58　备案操作页面

（四）删除附录

如附录状态为未备案或被打回时，操作列中点击删除按钮将删除该条附录。轻型车删除附录操作页面见图 4.59。

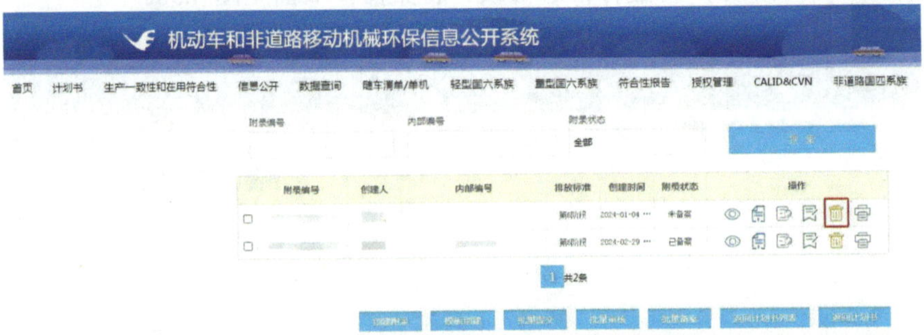

图 4.59　轻型车删除附录操作页面

三、开展型式检验

完成轻型车附录备案后，由授权的检验机构下载已备案附录，按相关标准要求开展型式检验。

四、信息公开

检验机构完成发动机型式试验，上传检验报告后，企业可以在数据查询模块下的检验报告页面，通过检验报告编号等信息进行查询。若已上传完整的检验报告，即可进行信息公开。信息公开表的创建（发送）、审核和公开需要不同权限账户进行操作。检验报告查询页面见图 4.60。

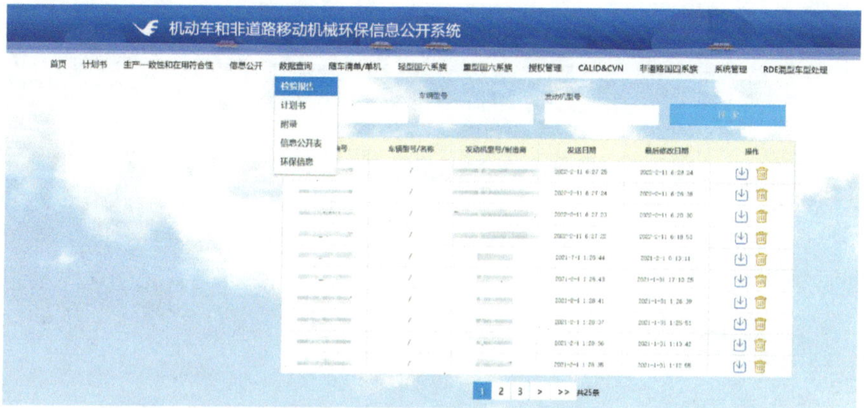

图 4.60　检验报告查询页面

（一）创建信息公开表

在信息公开模块下通过系族名称等信息进行搜索。在搜索出的列表中选中选项，点击创建信息公开表。信息公开表创建页面见图 4.61。

图 4.61　信息公开表创建页面

按照企业情况，对页面选项进行相应选择，并点击“下一步”。开始创建信息公开表操作页面见图 4.62。

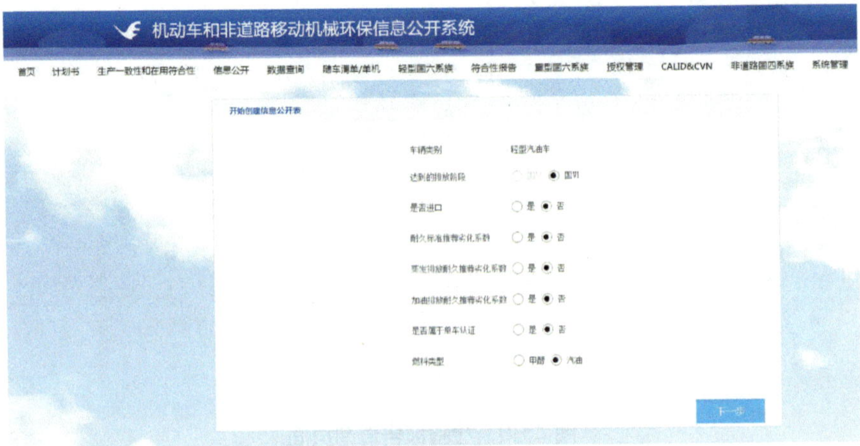

图 4.62　开始创建信息公开表操作页面

选择需要公开的相关配置，并点击“下一步”。信息公开表信息选择页面见图 4.63。

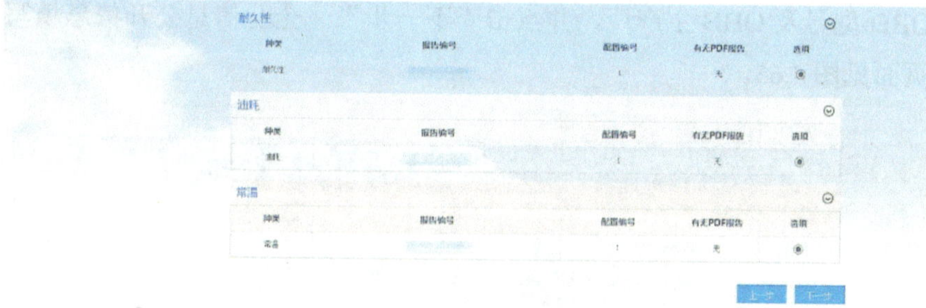

图 4.63　信息公开表信息选择页面

弹出配置确认窗口，请确认公开配置并点击“下一步”。企业信息公开配置确认页面见图 4.64。

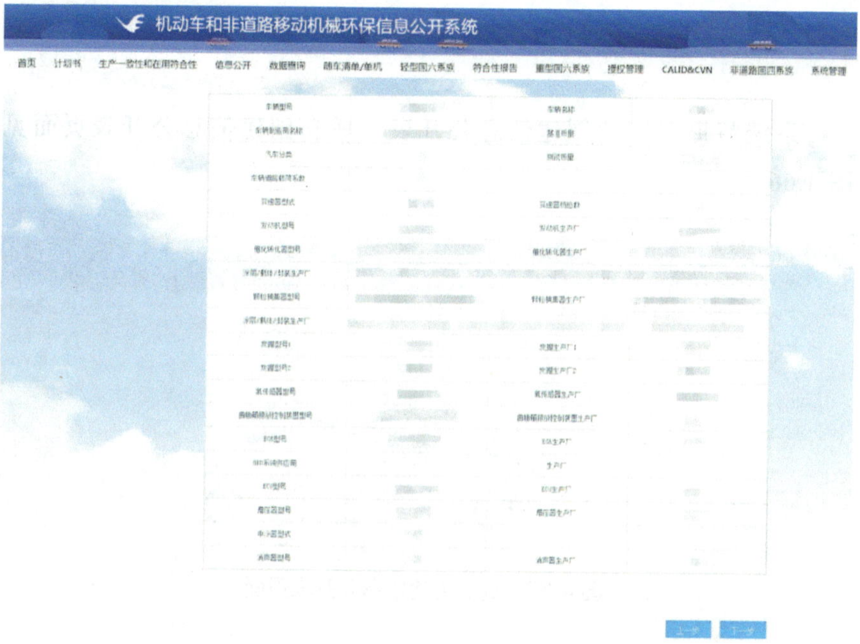

图 4.64　企业信息公开配置确认页面

进入企业信息填写页面，选择企业信息公开网址，填写耐久里程、

OBD 型号及 OBD 生产厂，并点击“下一步”。企业信息公开信息填写页面见图 4.65。

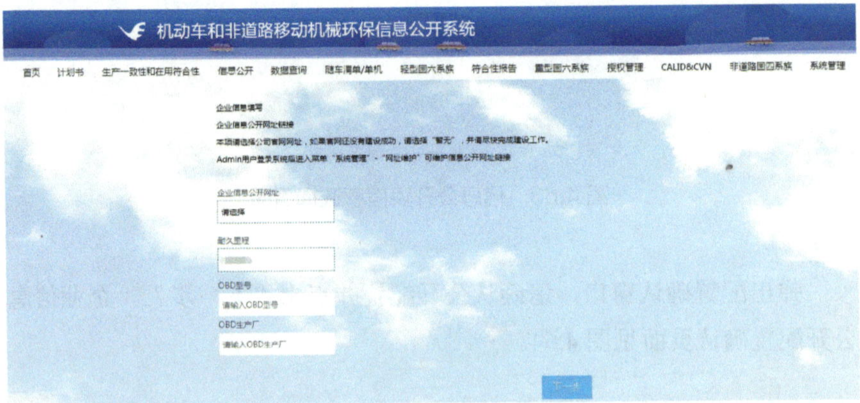

图 4.65 企业信息公开信息填写页面

系统将提示成功创建信息公开表。成功创建信息公开表页面见图 4.66。

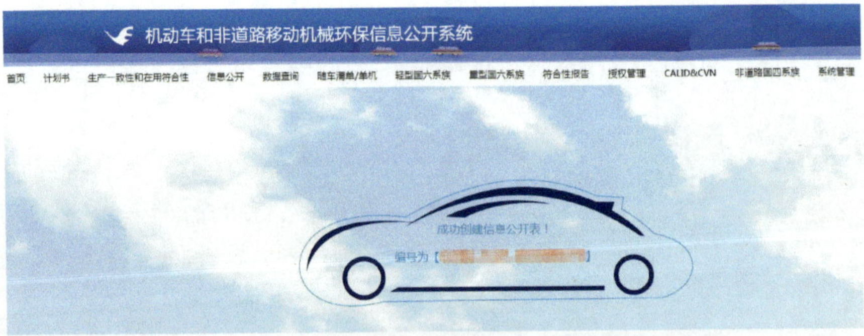

图 4.66 成功创建信息公开表页面

（二）提交信息公开表

已创建的信息公开表可以点击“数据查询”模块下的“信息公开表”，通过申报编号、状态、发动机型号或创建人进行搜索。在搜索结果列表中选中待提交的信息公开表，点击“提交信息公开表”。

若提交的信息公开表通过系统校验，则该信息公开表将自动生成信息公开编号，状态由“未发送”变为“待审核”，由审核账户进行审核。若提交的信息公开表未通过系统校验，则不会生成信息公开编号，该条信息公开表状态将变为“被打回”。一经打回，该信息公开表将无法再次提交。信息公开表提交页面见图 4.67。

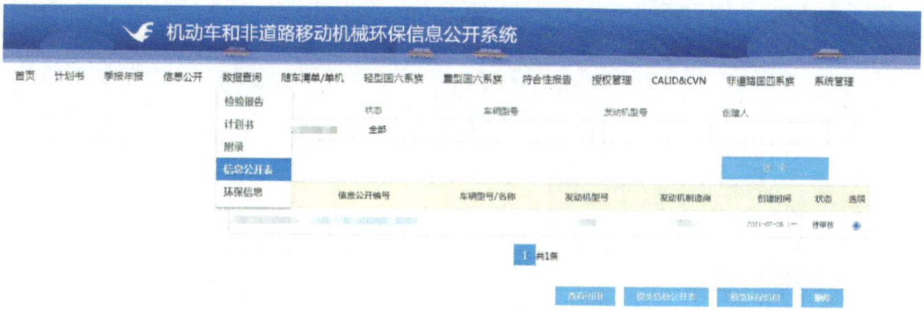

图 4.67　信息公开表提交页面

（三）审核信息公开表

审核账户人员登录系统后，点击“数据查询”模块下的信息公开表，可通过申报编号、状态、发动机型号或创建人进行搜索。在搜索结果列表中选中待审核的信息公开表，点击“预览环保信息”。审核账户审核信息公开表入口见图 4.68。

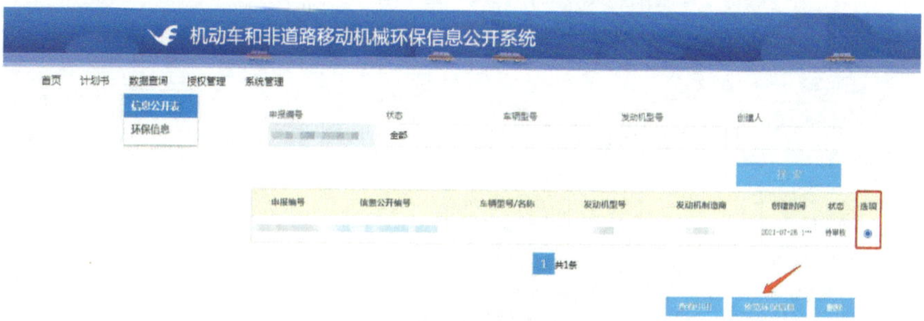

图 4.68　审核账户审核信息公开表入口

在预览环保信息页面，完成所有信息的核对后，在页面底部可以选择审核通过或退回申请。点击“审核通过”，填写原因并提交后，该信息公开表将提交至备案账户进行公开或入库，状态变为“已审核待公开”；若点击“退回申请”，填写原因并提交后，该条信息公开表状态将变为“被打回”。一经打回，该条信息公开表将无法再次提交。审核账户审核信息公开表操作页面见图 4.69。

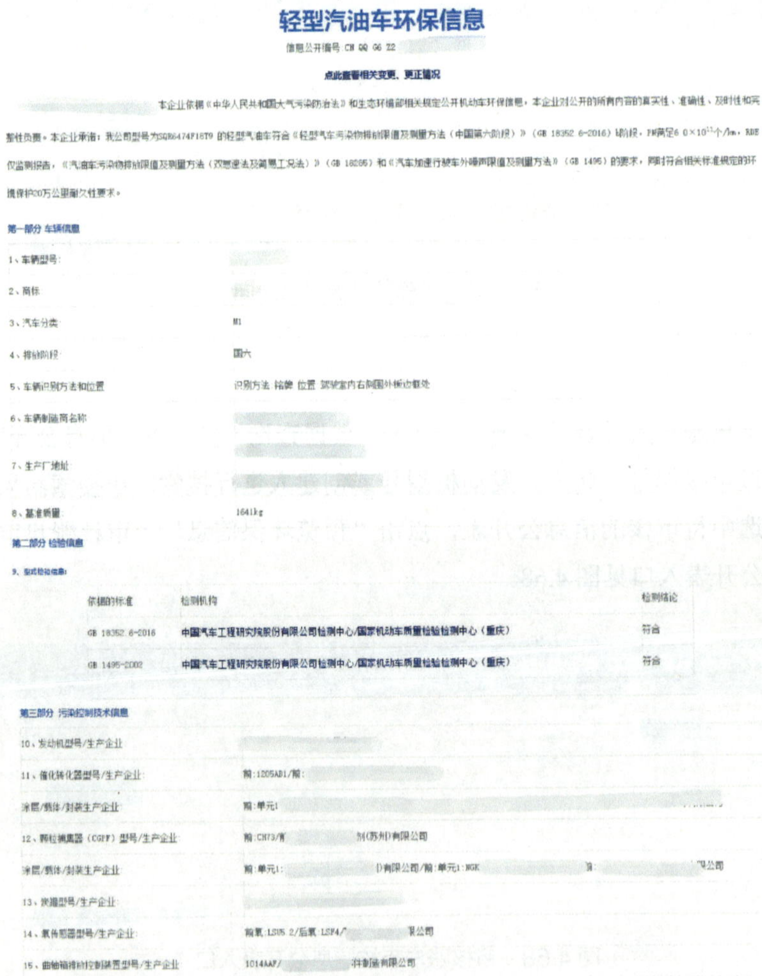

图 4.69　审核账户审核信息公开表操作页面

（四）公开信息公开表

备案账户人员登录系统后，点击“数据查询”模块下的信息公开表，可通过申报编号、状态、发动机型号或创建人进行搜索。在搜索结果列表中选中“已审核待公开”的信息公开表，点击“预览环保信息”。备案账户操作页面见图 4.70。

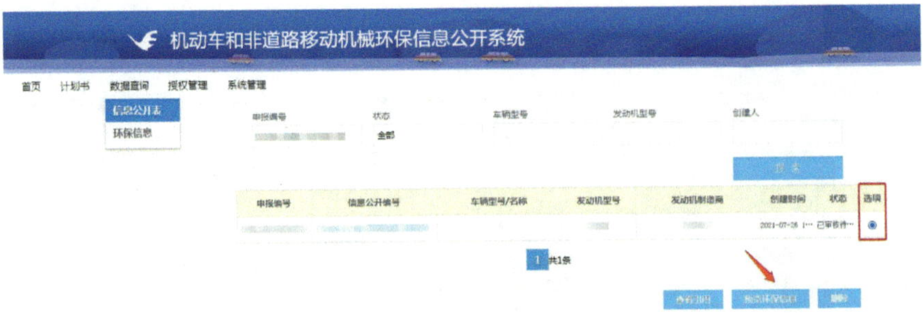

图 4.70　备案账户操作页面

在预览环保信息页面，完成所有信息的核对后，在页面底部可以选择确认公开、确认入库或退回申请。备案账户人员确认信息公开操作页面见图 4.71。

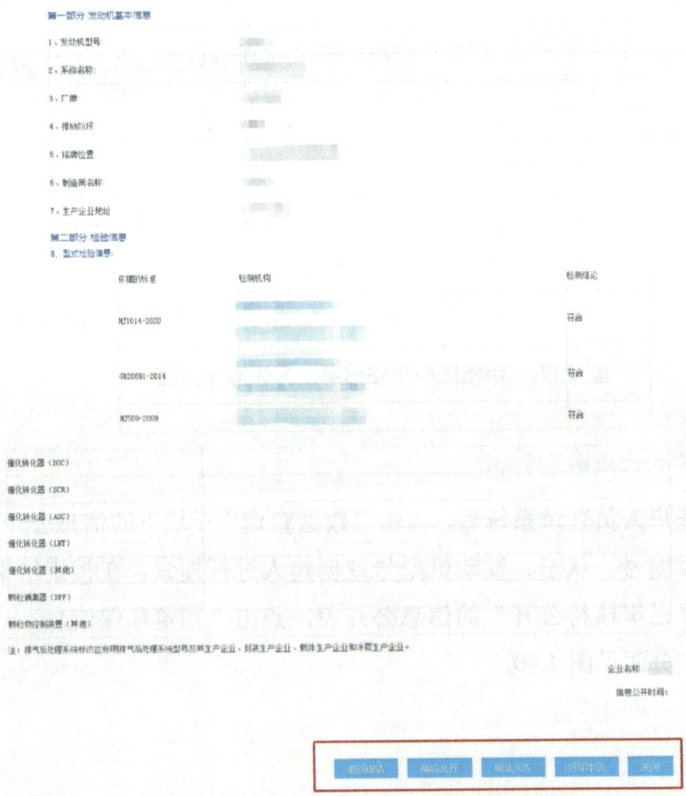

图 4.71　备案账户人员确认信息公开操作页面

点击“确认公开”，在弹出框中点击“确定”，则完成该轻型车发动机的信息公开；点击“确认入库”，在弹出框中点击“确定”，则完成该轻型车发动机的入库；点击“退回申请”，填写原因并提交后，该条信息公开表状态将变为“被打回”。一经打回，该条信息公开表将无法再次提交。确认意见操作页面见图 4.72。

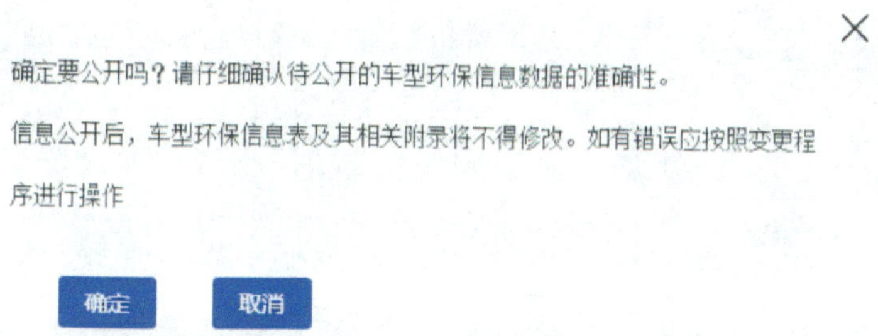

图 4.72　确认意见操作页面

第五章

随车清单上传

唐祎骕

《关于开展机动车和非道路移动机械环保信息公开工作的公告》（国环规大气〔2016〕3号）中规定，机动车生产、进口企业应在产品出厂或货物入境前，以随车清单的方式公开主要环保信息。因此，《机动车环保信息公开技术规范》中对环保信息随车清单的内容、模板、打印、电子信息上传、材质、配发等方面都给出了详细的规定，用于指导企业制作随车清单。

机动车环保信息随车清单分为正反两面。正面为随车清单的基本信息，包括车辆的排放阶段、企业名称、信息公开编号及车辆识别代码等内容。背面为车辆的详细信息，包括企业对该车辆满足排放标准及排放阶段的声明、车辆和发动机基本信息、环保检验信息、污染控制技术信息及车辆生产或进口企业信息等内容。

（1）企业声明部分是机动车生产或进口企业对车辆环保信息公开的自主声明，包括车辆所满足的排放标准和排放阶段等信息，是对车辆的排放状况的最基本表述。

（2）车辆和发动机的基本信息部分包含车辆及发动机型号、制造商名称、商标、生产厂地址等内容，是对车辆基本情况的概述。

（3）环保检验信息是车辆的型式检验、下线检验信息，包括检验依据标准、检验机构和检验结论。这部分是按照《中华人民共和国大气污染防治法》要求，对车辆的排放检验情况进行了公开。

（4）污染控制技术信息是车辆所装配的污染控制装置的基本情况，包括装置的型号、生产企业等内容。这部分是按照《中华人民共和国大气污染防治法》要求，对车辆的污染控制装置进行了公开。可以让公众了解车辆的详细情况、可以用于新车注册登记、在用车年检和机动车监督检查时查验车辆的污染控制装置。清单中列出了车辆与排放相关的主要污染控制装置，在信息公开污染控制装置查验中不能直接可见的部分污染控制装置未列入清单内容。

（5）生产或进口企业信息，包括车辆生产或进口企业的法人信息、地址、联系电话和官方网址等内容。

轻型车在完成信息公开后，需要报送随车清单信息。报送内容包括车架号（VIN 码）、信息公开编号、商标、生产厂地址、发动机编号、生产日期、出厂日期、出厂试验、出厂试验结论、官方网站、发动机厂牌、发动机生产厂地址等。随车清单上传信息页面见图 5.1。

图 5.1　随车清单上传信息页面

一、随车清单报送

报送主要有三种方式：接口报送、网上报送和 PDF 文件报送。

（一）接口报送

在上传页面中，下载《HJ1350 接口规范说明文件（2024-09 更新）》，并按照说明进行报送，接口报送说明下载页面见图 5.2。

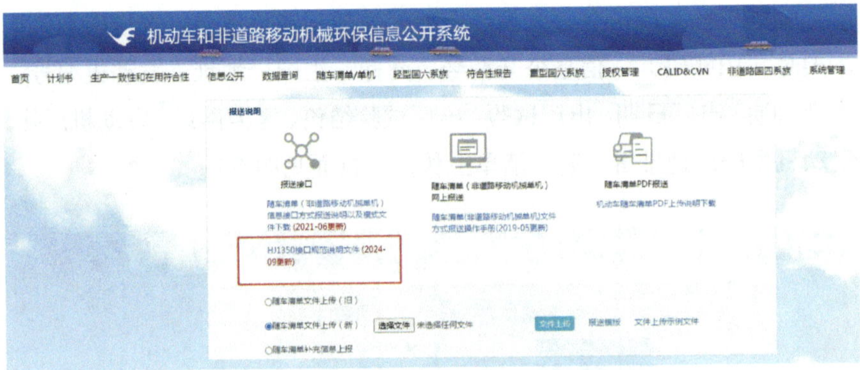

图 5.2　随车清单接口报送说明下载页面

（二）网上报送

在上传页面中，参考《随车清单 (非道路移动机械单机) 文件方式报送操作手册（2019-05 更新）》与《HJ 1350 接口规范说明文件（2024-09 更新）》说明，在随车清单上传（新）处，按模板填写上传，网上报送页面见图 5.3。

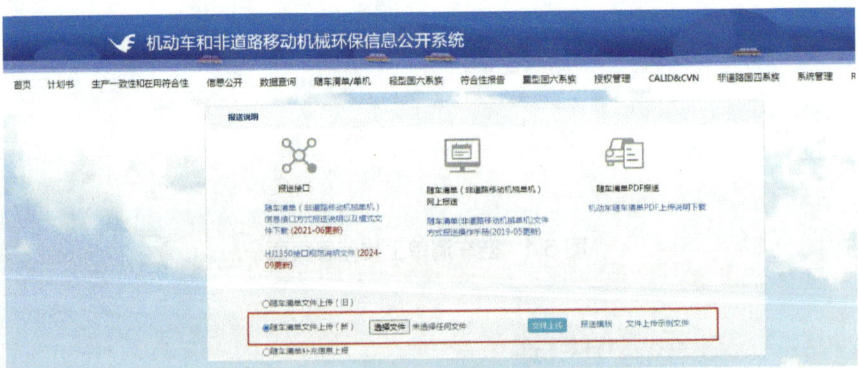

图 5.3　随车清单网上报送说明下载页面

页面底部选择“随车清单文件上传（新）”，点击“报送 模板”“文件上传示例文件”，下载随车清单报送模板，参照文件上传示例文件和文件方式报送操作手册填写随车清单。文件上传示例文件操作页面见图 5.4。

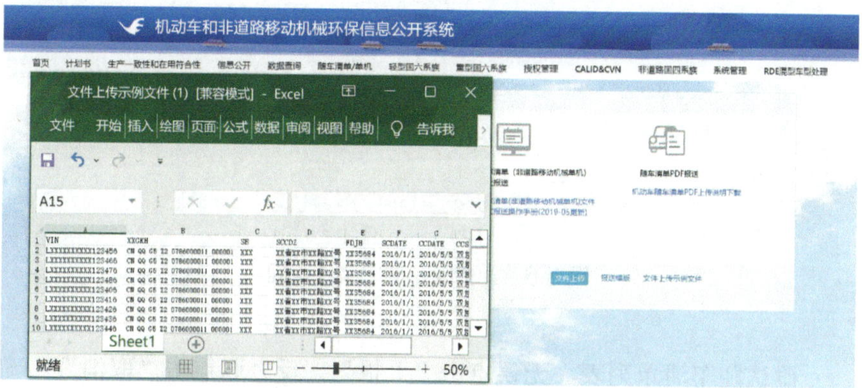

图 5.4　文件上传示例文件操作页面

点击“选择文件”，选择已经填写好的随车清单文件，见图 5.5。

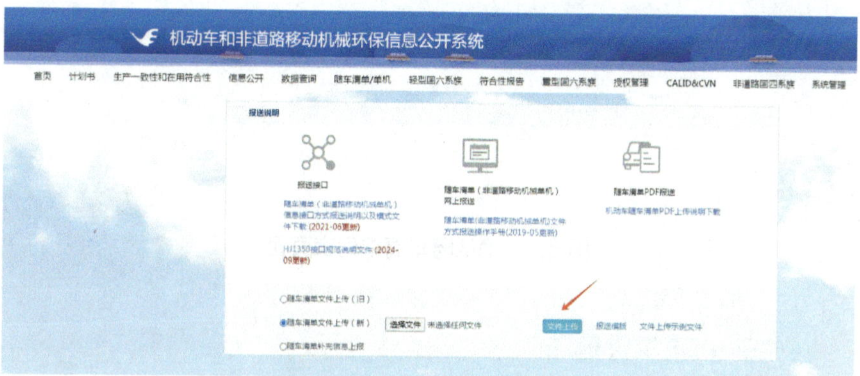

图 5.5　选择文件页面

点击“文件上传”，上传随车清单文件。若上传文件格式不符合要求，则将弹出相应错误提示。若文件格式无误，则将显示随车清单列表。上传随车清单文件页面见图 5.6。

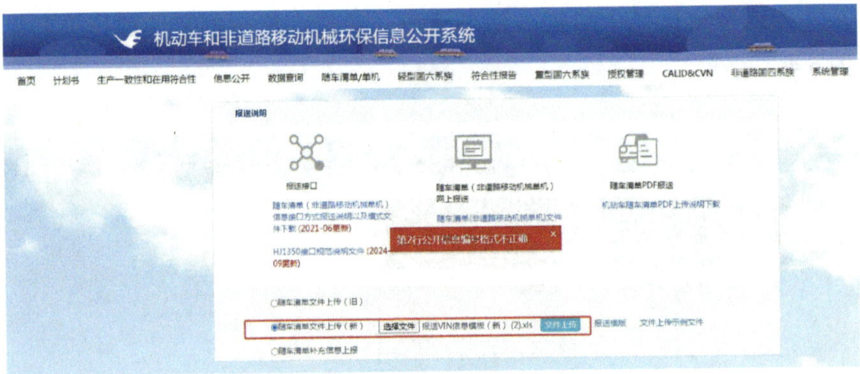

图 5.6　上传随车清单文件页面

确认随车清单列表，无误点击“上报”，反之则点击“取消”。确认随车清单列表页面见图 5.7。

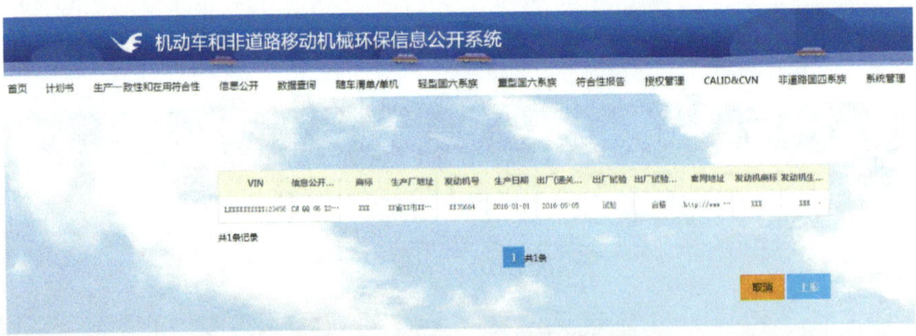

图 5.7　确认随车清单列表页面

（三）PDF 文件报送

机动车环保信息随车清单打印后，需扫描成 PDF 格式文件，上传到指定服务器中。在上传页面中，下载《机动车随车清单 PDF 上传说明下载》，并按照说明进行报送，PDF 报送说明下载页面见图 5.8。

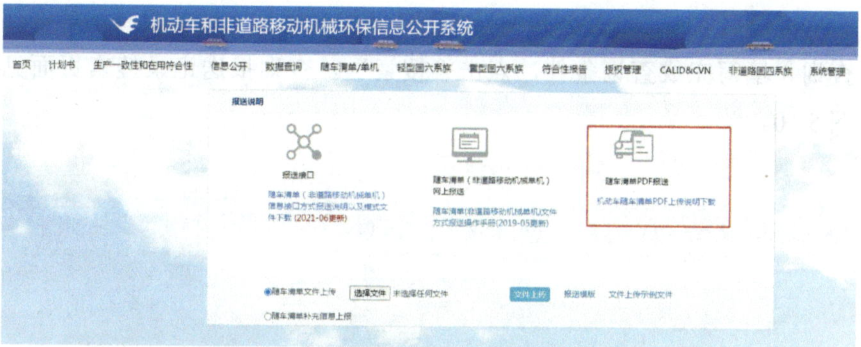

图 5.8　随车清单 PDF 报送说明下载页面

二、随车清单查询

对已经报送成功的随车清单可点击查询报送记录进行查询。

点击“随车清单 / 单机”→“查询报送记录”，进入随车清单查询页面；点击“随车清单 / 单机”→“补充信息查询”，进入随车清单补充信息查询页面。查询报送记录入口见图 5.9。

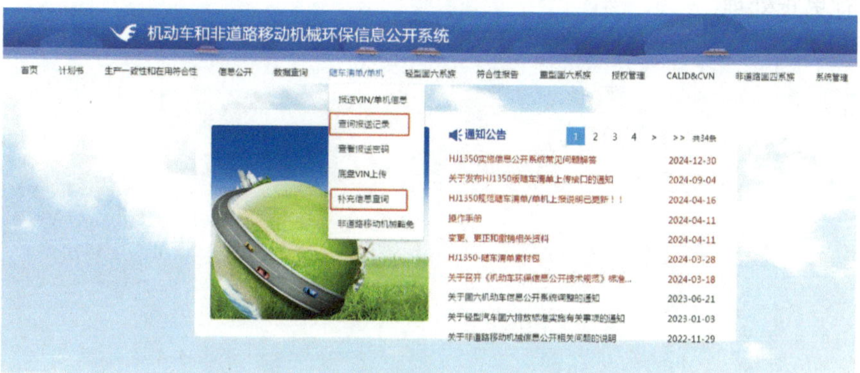

图 5.9　查询报送记录入口

可根据 VIN、信息公开编号、上传开始时间和上传结束时间等进行查询。填写完成查询条件，点击“搜索”。查询报送记录搜索页面见图 5.10。

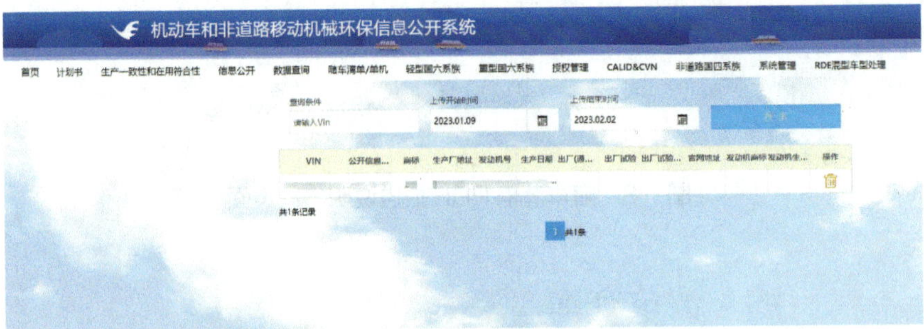

图 5.10　查询报送记录搜索页面

查询后，若发现报送的随车清单有误，并且报送完成的时间未超过 48 小时，则可以点击“”删除错误信息，并按照随车清单报送流程重新报送。如果报送完成时间超过 48 小时，则不能直接删除，需要进行更正处理。

第六章

下线检验数据上传

郝爱民

《机动车环保信息公开技术规范》（HJ 1350—2024）中对机动车生产、进口企业在环保信息公开中所需完成的工作进行了完善要求，在流程中提到新生产机动车下线后，机动车生产、进口企业应按标准要求进行下线检验并完成下线检验信息公开工作。这里主要指按《汽油车污染物排放限值及测量方法（双怠速法及简易工况法）》（GB 18285—2018）和《柴油车污染物排放限值及测量方法（自由加速法及加载减速法）》（GB 3847—2018）两项标准中的相关要求开展新车下线检验，然后对下线检验合格车辆打印环保信息随车清单并随车配发。

2019 年 11 月 1 日之前，机动车出厂或进口前，应按照《点燃式发动机汽车排气污染物排放限值及测量方法（双怠速法及简易工况法）》（GB 18285—2005）和《车用压燃式发动机和压燃式发动机汽车排气烟度排放限值及测量方法》（GB 3847—2005）规定进行下线检验。2019 年 11 月 1 日之后，机动车出厂或进口前，应按照 GB 18285—2018 和 GB 3847—2018 规定进行下线检验。国产汽车下线检验应在生产企业出厂前完成，进口汽车下线检验应在货物入境前完成。

一、账号申请

企业报送账户由企业管理员在信息公开系统对应功能菜单中进行设置管理，原则上如果报送账户进行了数据报送，则该账户不能删除企业对应的地址或生产厂址。下线检验数据账号申请页面见图 6.1。

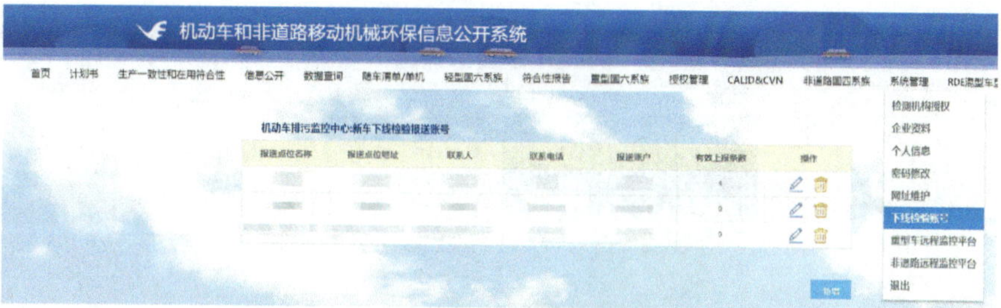

图 6.1　下线检验数据账号申请页面

选择“新增”，填写报送点位名称、点位地址、联系人、联系电话等相关信息，报送账号由系统随机生成不可更改，报送密码由相关填写人员自行编写，填写完成后点击“提交”，下线检验数据账号新增页面见图 6.2。

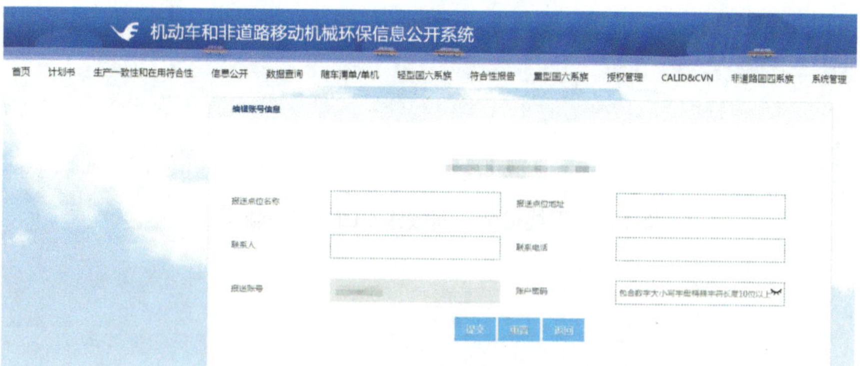

图 6.2　下线检验数据账号新增页面

二、数据报送

下线检验数据是通过网络服务接口方式进行报送，具体接口文档需由企业登录信息公开平台后，在首页的通知公告栏中自行下载，并按照文档中数据要求上传下线检验数据。下线检验数据报送接口文档下载页面见图 6.3。

图 6.3　下线检验数据报送接口文档下载页面

第七章

量产车评估测试（PVE）

唐祎骕

OBD 生产一致性检查和试验按 GB 18352.6—2016 附件 JA.7 执行，附件 JA.7 规定了量产车辆评估测试（以下简称 PVE），PVE 作为生产车辆 OBD 系统生产一致性（COP）自我检查的重要组成部分，车辆正式量产之后，企业需提交 PVE 测试计划和报告，并接受监督检查。

生产企业应制订年度 PVE 测试计划并通过环保信息公开系统在每年 4 月 1 日前提交当年计划，环保信息公开系统每季度提供一次计划修改、报告和检验信息上传的窗口时间，生产企业应按要求选择最为临近的时间窗口进行结果上传。如年度 PVE 测试计划发生变更，企业应及时在环保信息公开系统中更新年度 PVE 计划。企业应在 PVE 测试计划提交的同时将监测要求验证（J2）涉及的车型的包括所有 DTC 的完整的汇总表（summary table）也一并通过环保信息公开系统上传，如该车型完整的 summary table 已在型式检验材料中提交，则无须再次上传。

PVE 测试由标准化验证、监测要求验证以及在用监测性能的验证和报告三部分组成，生产企业应当以 OBD 系族为基础编制 PVE 测试计划，并在 OBD 系族内分别划分标准化验证（J1）、监测要求验证（J2）以及在用监测性能测试分组（J3），根据分组情况选择代表性车辆测试和数据统计，定期向监管部门提交计划报告，评估流程见图 7.1。

国产车型 PVE 测试应在国内进行；进口车型的 J1 和 J2 试验可以在国外进行，J3 必须在国内进行。

国产车型 J1 和 J2 试验提交报告依据的量产时间以随车清单生产时间为准，进口车型（包括在国外进行 J1 和 J2 试验的）J1 和 J2 试验提交报告依据的量产时间以随车清单进口时间为准（2018 年的量产车型含在 2019 年的测试计划中，首次 J2 的试验报告递交时间以 2019 年车型进口时间为准），J3 试验提交报告依据的量产时间均以首辆车辆国内注册登记日期为准。

排放中性诊断以及安全相关诊断需要详细讨论定义。目前 OBD 申报材料中仅申报与排放相关的故障代码，其他排放中性诊断故障码以及安全相关故障码暂不要求报送。

原则上企业可以对已提交的 PVE 计划进行修改和调整，不同法人必须单独开展 PVE 工作。

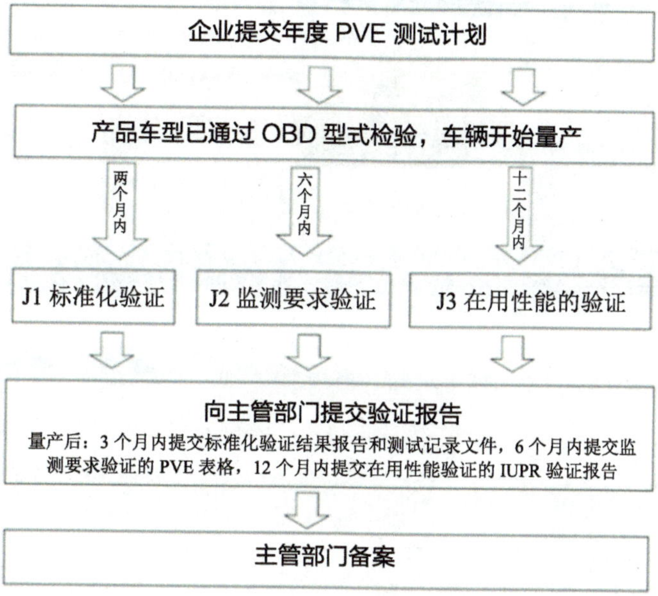

图 7.1　量产车评估测试流程

一、PVE 页面

企业登录信息公开平台后，点击“生产一致性和在用符合性”，选择轻型量产评估报告，进入报送页面，页面中显示为企业报送过的不同年份与不同 OBD 系族的 J1、J2、J3 类型的 PVE 计划与 PVE 报告。PVE 报送页面见图 7.2。

图 7.2　PVE 报送页面

二、PVE 报送

点击“新增”，选择报送年份及 OBD 系族名称，填写完成后点击“提交”，提交完成后会在 PVE 报送页面新增对应年份和 OBD 系族的 J1、J2、J3 项目。PVE 新增报送页面见图 7.3。

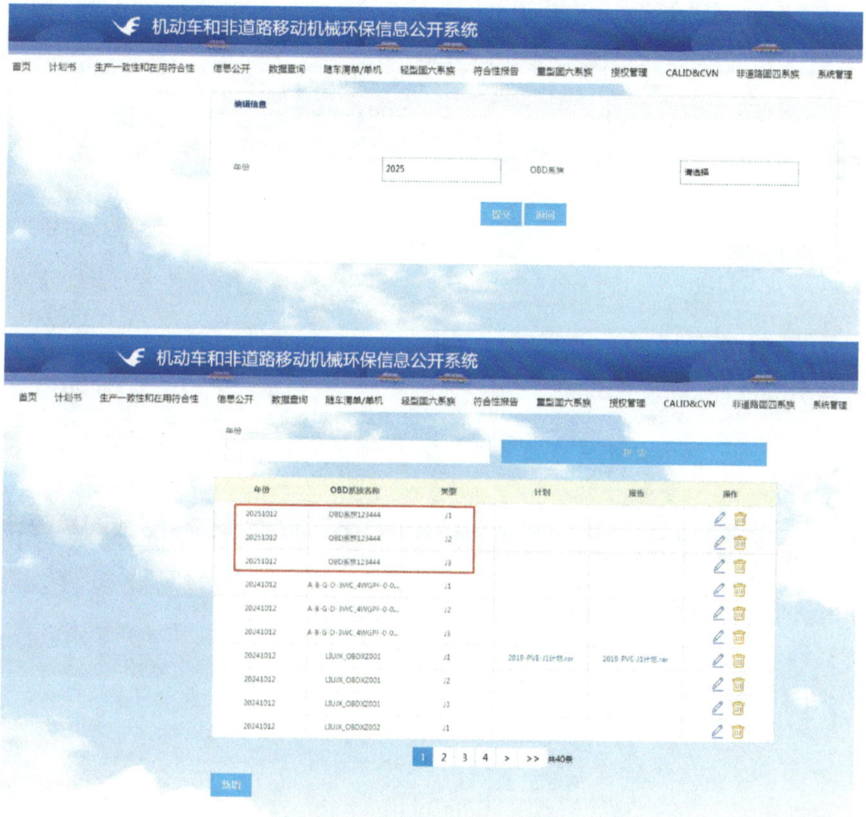

图 7.3　PVE 新增报送页面

三、PVE 数据报送

新增完成后，返回 PVE 报送页面，点击“”进入数据报送页面。点击页面左上角，下载文件包模板。按照模板填写对应年份、OBD 系族、类型的 PVE 计划及报告文件，填写完成后，在数据报送页面选择对应计划及报告，完成后点击上传并提交。PVE 数据报送页面见图 7.4。

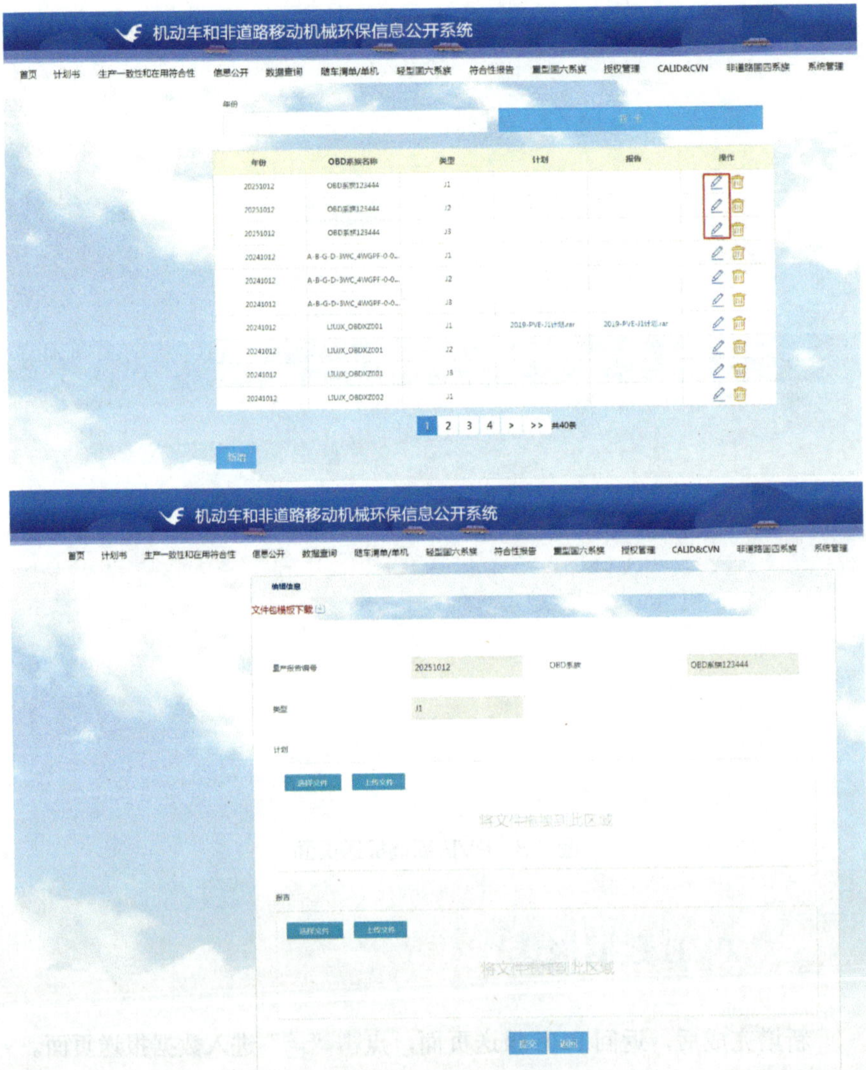

图 7.4　PVE 数据报送页面

第八章

CAL ID&CVN 报送

鲁嘉欣

车辆量产后，需要按照《轻型汽车污染物排放限值及测量方法（中国第六阶段）》（GB 18352.6—2016）的要求对排放或 OBD 系统产生影响的所有关键诊断或排放电子动力控制单元的车辆软件标定识别码（CAL ID）和软件标定验证码（CVN）进行计算汇总并定期向环保信息公开系统中进行上报。首次提交时应包括型式检验期间车辆 CAL ID 和 CVN 数据。

车辆生产企业生成 CAL ID 和 CVN 报告的计算方法应符合法规标准要求，并向监管部门说明采用的算法。

车辆生产企业应该按照规定将车辆 CAL ID 和 CVN 报告上传到环保信息公开系统，监管部门可在车辆年检等核查环节对数据库中的 CAL ID 和 CVN 同车辆上读取的 CAL ID 和 CVN 进行比对。

点击首页“CAL ID&CVN”→“国六轻型车”，进入轻型车 CAL ID&CVN 填报页面，见图 8.1。

图 8.1　轻型车 CAL ID&CVN 填报页面

一、上传

选择对应的年度和季度，点击“”进入上传页面，点击左上角“”下载轻型车 CAL ID&CVN 报送模板文件包（包含上报说明、季度模板、季度上报测试样例等），参照文件上传示例文件填写报送文件。上传模板文件操作页面见图 8.2。

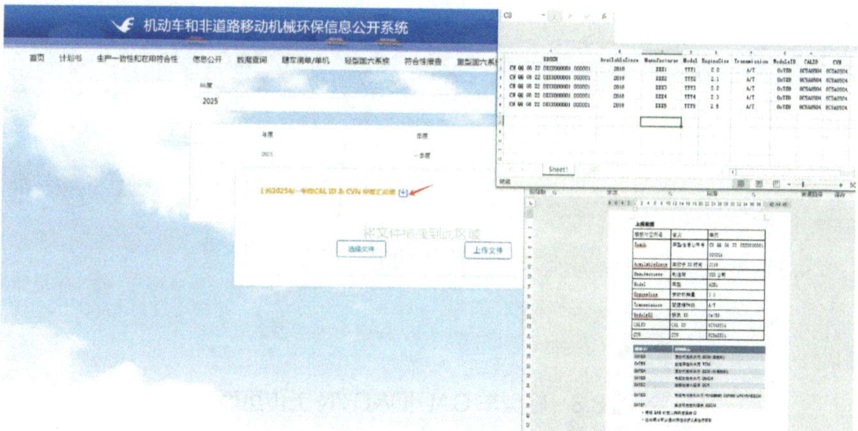

图 8.2 轻型车 CAL ID&CVN 上传模板文件操作页面

点击“上传”，在弹出页面中点击“选择文件”，选择已填写好的报送文件，点击“上传文件”完成操作。如果上传成功，报送数据则会显示在填报页面；如果未上传成功，根据对应提示原因修改报送文件后重新上传。上传页面见图 8.3。

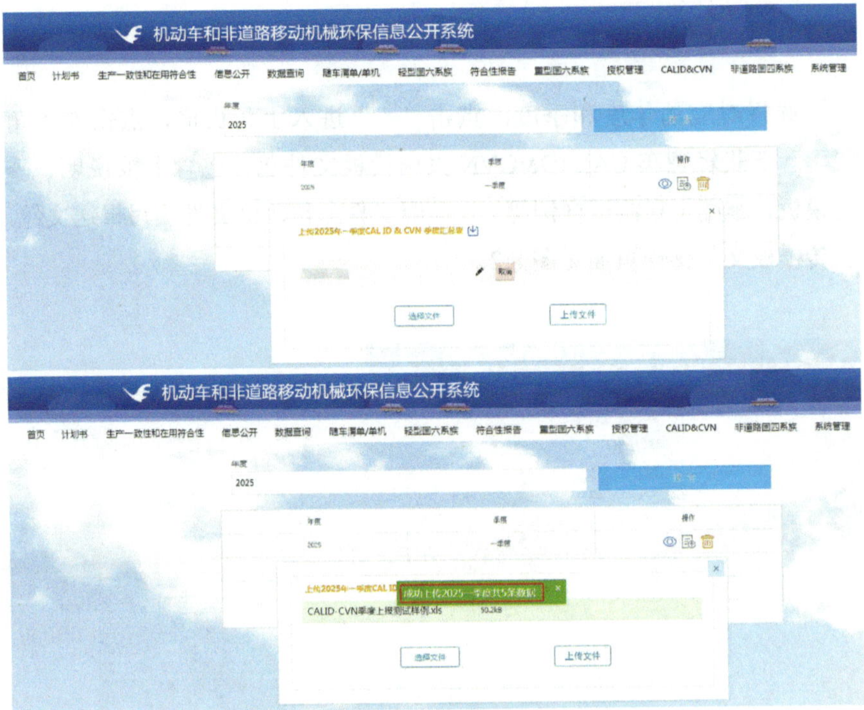

图 8.3　轻型车 CAL ID&CVN 上传页面

二、查看与删除

上传完成后，点击轻型车 CAL ID&CVN 填报页面“”和“”，可对该季度数据进行查看或删除。报送数据查看和删除操作页面见图 8.4。

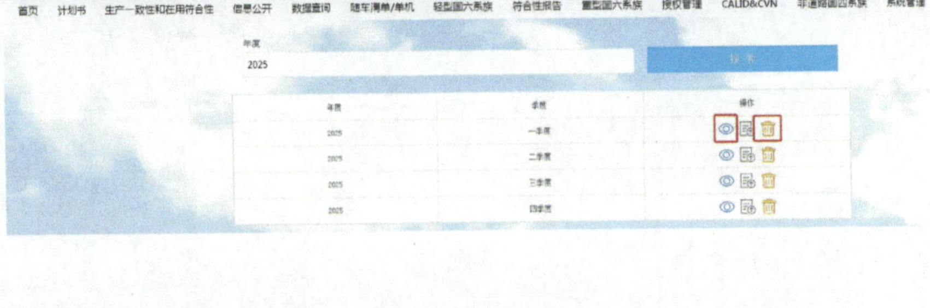

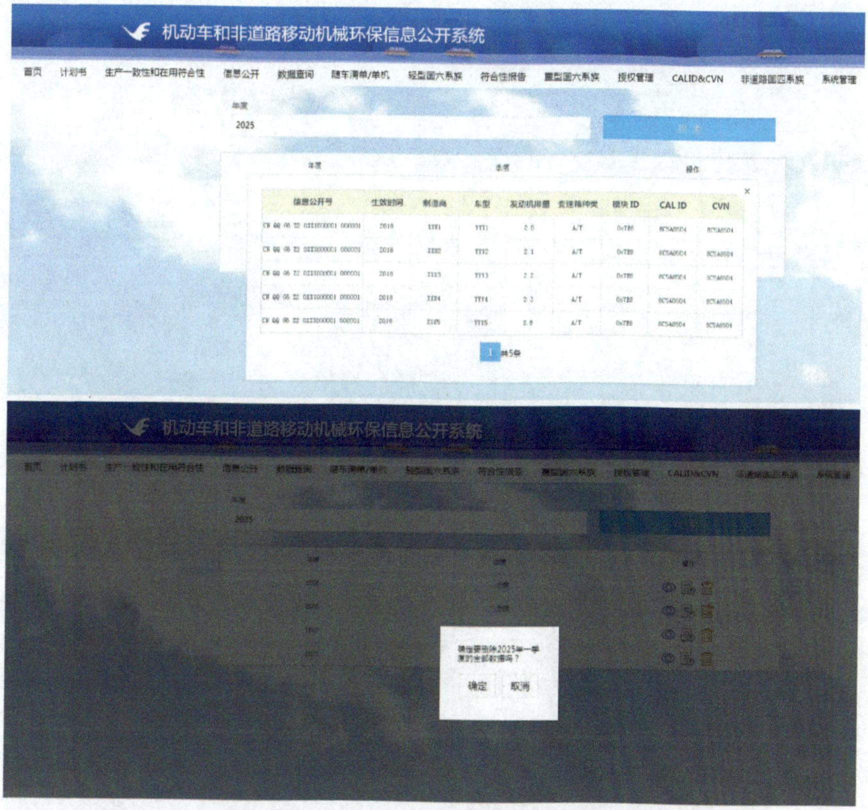

图 8.4 轻型车 CAL ID&CVN 报送数据查看和删除操作页面

第九章

生产一致性与在用符合性

赵　鑫

企业需填报生产一致性与在用符合性相关信息。包括“国六轻型生产一致性与在用符合性”及“季报年报”两个模块。

一、国六轻型生产一致性与在用符合性

点击首页“生产一致性和在用符合性”→“国六轻型生产一致性在用符合性”，进入国六轻型生产一致性在用符合性填报页面，见图 9.1。

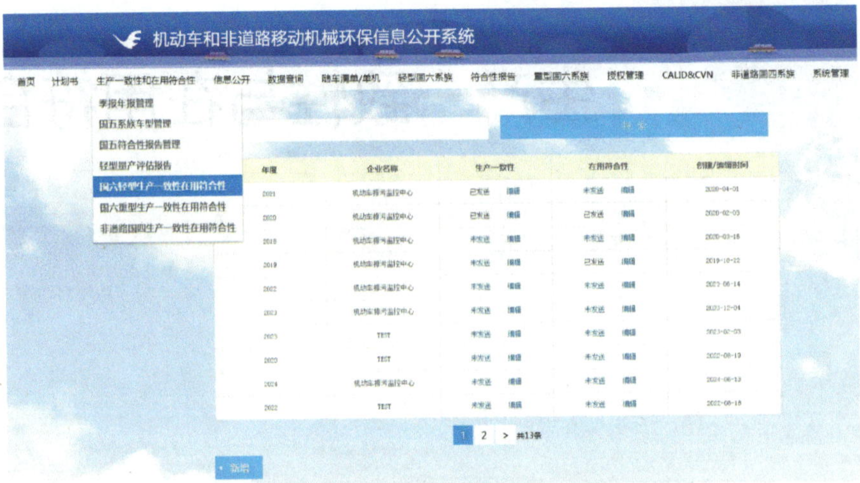

图 9.1 国六轻型生产一致性在用符合性填报页面

如列表中无当年数据行，可点击“新增”添加当前年度。新增年度页面见图 9.2。

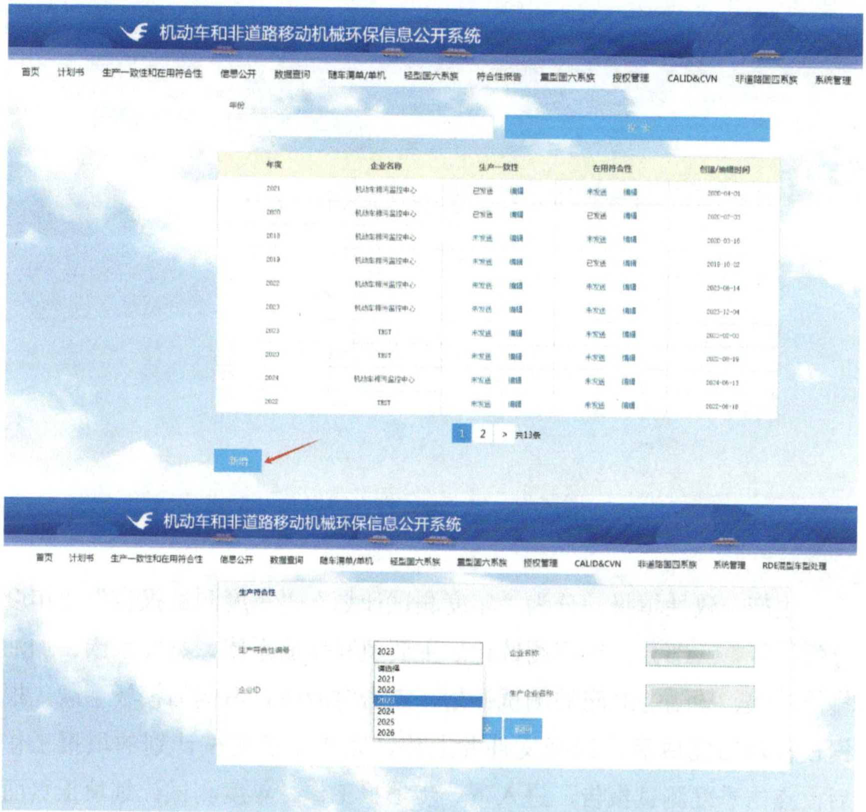

图 9.2　轻型国六生产一致性在用符合性→新增年度页面

（一）生产一致性

在轻型国六生产一致性在用符合性填报页面，选择对应年度，在“生产一致性”一列下点击“编辑”，生产一致性入口页面见图 9.3。

图 9.3　生产一致性入口页面

生产一致性填报，分为“年度测试计划”“季度测试报告”“年度分析报告”三部分。年度测试计划主要填写排放系族、蒸发系族、加油排放系族、碳罐等对应的测试计划，点击对应条目右侧的模板下载，根据模板填写完成后，选择文件并上传，完成年度测试计划的填报工作后，点击季度测试报告，进入下一步填报工作。年度测试计划填报页面见图 9.4。

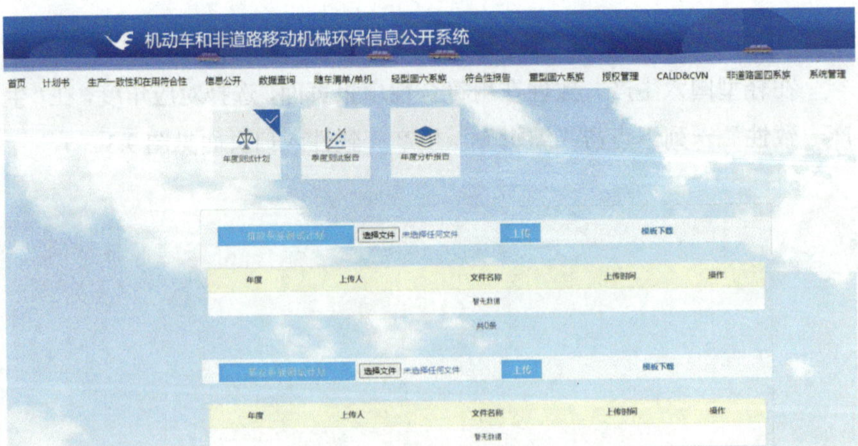

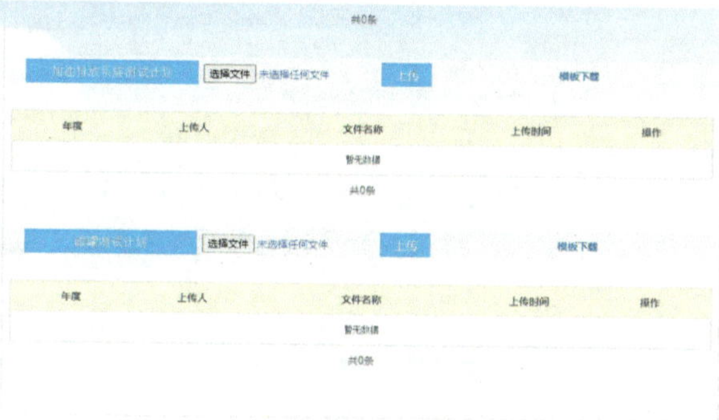

图 9.4　年度测试计划填报页面

季度测试报告主要填写排放系族、蒸发系族整车、蒸发系族生产线快速检测、加油排放系族整车、加油排放系族生产线快速检测、碳罐等对应的测试报告，点击对应条目右侧的模板下载，根据模板填写；选择对应季度填写完成后，选择文件并上传，完成季度测试报告的填报工作后，点击年度分析报告，进入下一步填报工作。季度测试报告填报页面见图 9.5。

图 9.5　季度测试报告填报页面

年度分析报告主要填写企业年度的相关分析报告工作。点击对应条目右侧的模板下载，根据模板填写完成后，选择文件并上传，完成年度分析报告的填报工作。年度分析报告填报页面见图 9.6。

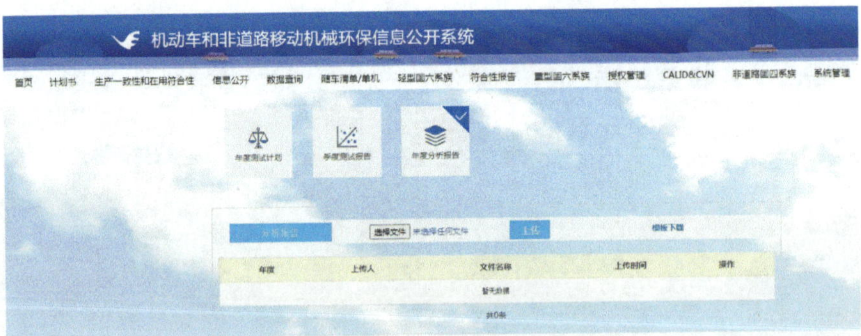

图 9.6　年度分析报告填报页面

（二）在用符合性

在轻型国六生产一致性在用符合性填报页面，选择对应年度，在“在用符合性”一列下点击“编辑”，在用符合性入口页面见图 9.7。

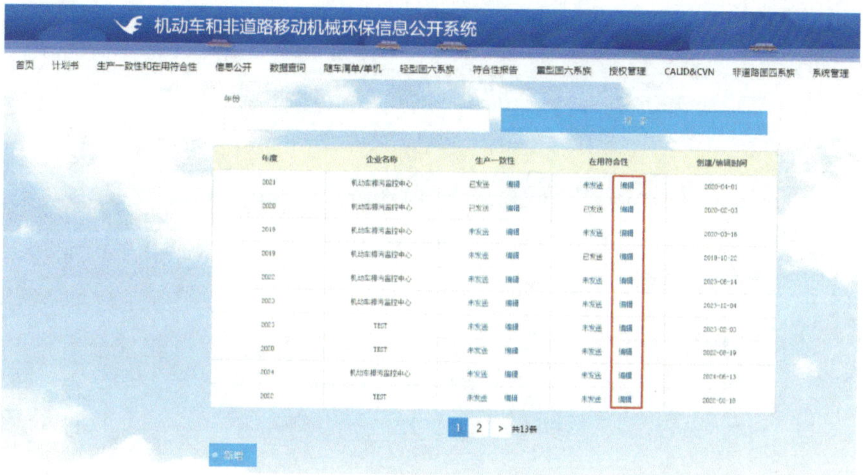

图 9.7　在用符合性入口页面

在用符合性填报，分为“年度测试计划”“排放质保部件”“检查测试分析报告”“其他资料”四部分。点击新增，选择在用符合系族，点击提交后生成对应年度测试计划类别，分别下载模板并填写完成后上传，完成年度测试计划填报工作，之后点击排放质保部件，进入下一步填报工作。年度测试计划填报页面见图 9.8。

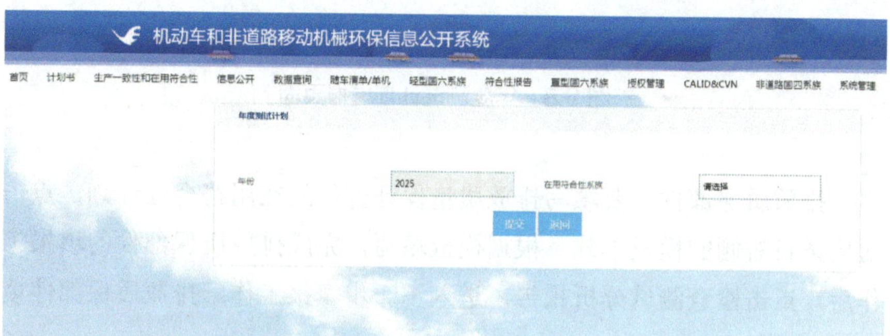

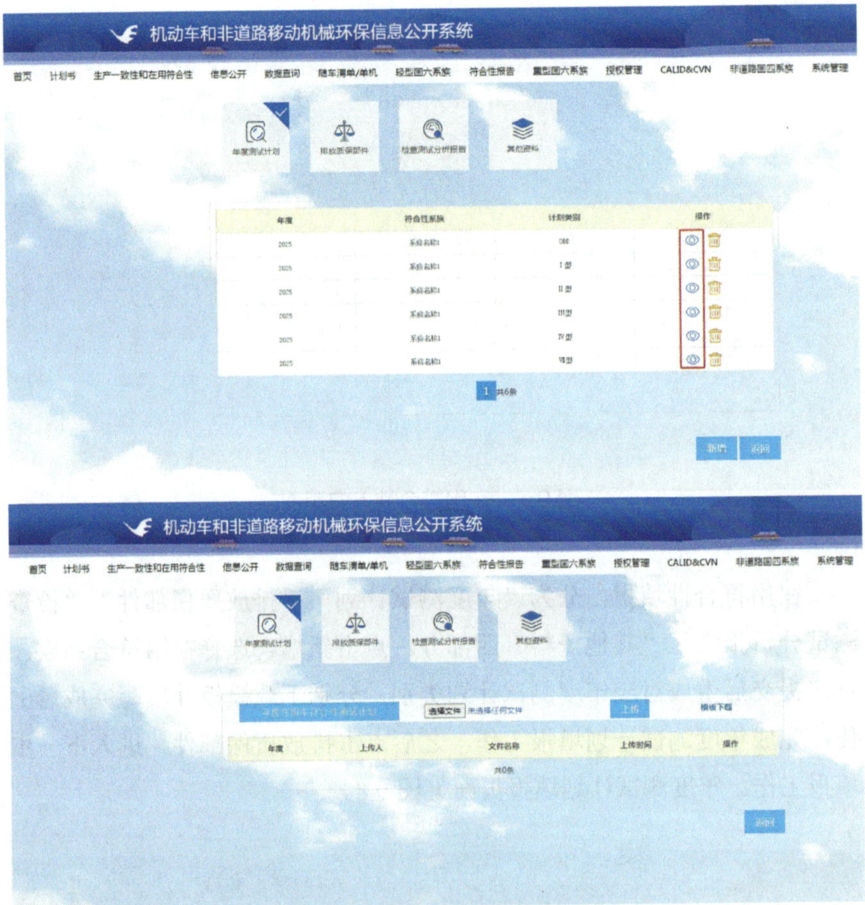

图 9.8　年度测试计划填报页面

排放质保部件主要填写排放质量保证部件的在用符合性计划，点击对应条目右侧的模板下载，根据模板填写，完成排放质保部件的填报工作后，点击检查测试分析报告，进入下一步填报工作。排放质保部件填报页面见图 9.9。

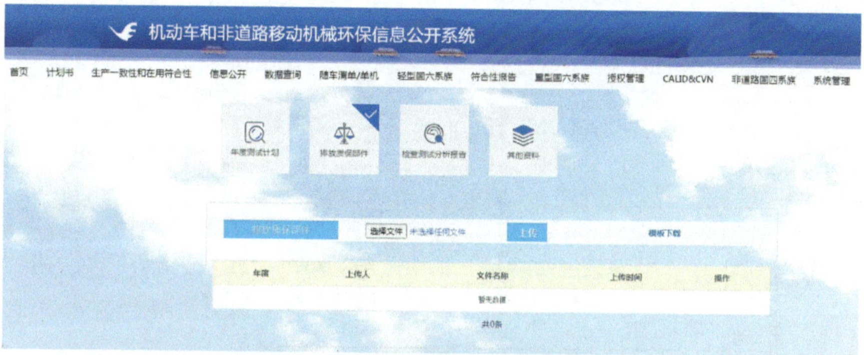

图 9.9　排放质保部件填报页面

检查测试分析报告主要填写企业符合性检查工作涉及人员的相关信息，系族车辆基本特征、自主检查车辆基本情况、车辆使用基本情况、自主检查车辆维护保养和修理情况、在用符合性排放检验报告、OBD 在用符合性检查报告、OBD 在用符合性 IUPR 等。点击对应条目右侧的模板下载，根据模板填写完成后，选择文件并上传，完成检查测试分析报告的填报工作后，点击其他资料，进入下一步填报工作。检查测试分析报告填报页面见图 9.10。

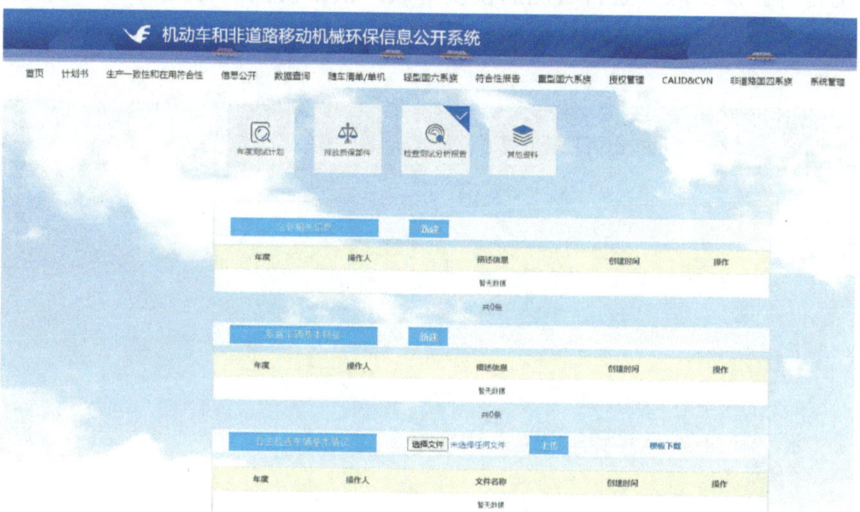

图 9.10　检查测试分析报告填报页面

其他资料主要填写结果判定及分析总结、其他在用符合性相关资料上传等。点击对应条目右侧的模板下载，根据模板填写完成后，选择文件并上传，完成其他资料填报工作。其他资料填报页面见图 9.11。

图 9.11　其他资料填报页面

二、季报年报

点击首页“生产一致性和在用符合性”→“季报年报管理”，进入季报年报页面。季报年报页面见图 9.12。

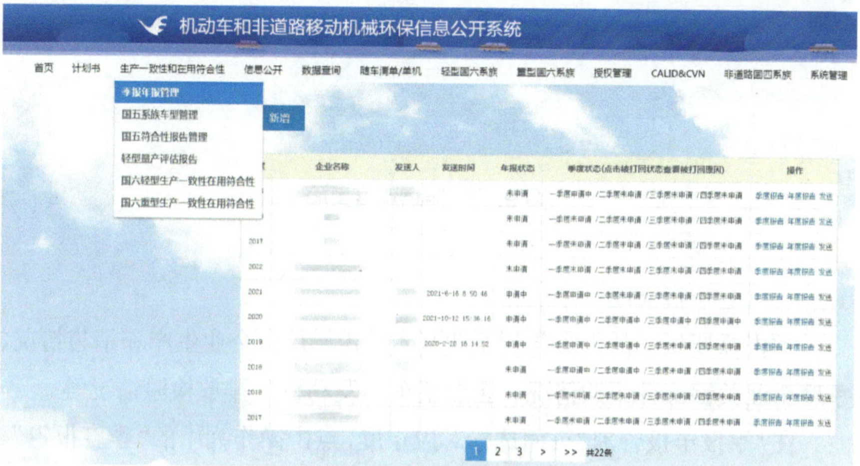

图 9.12　季报年报页面

如列表中无当年数据行，可点击“新增”添加当前年度。新增年度页面见图 9.13。

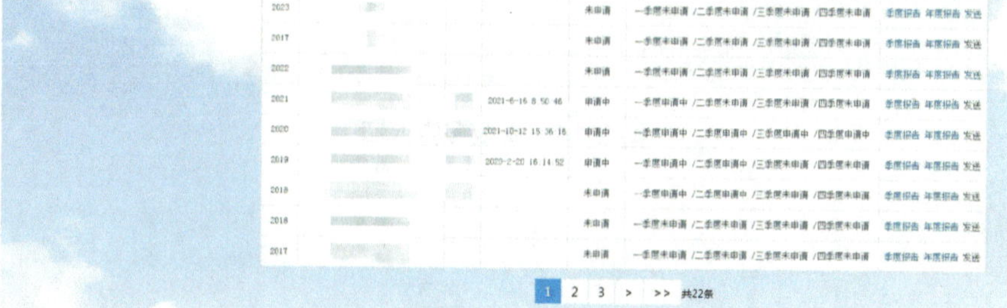

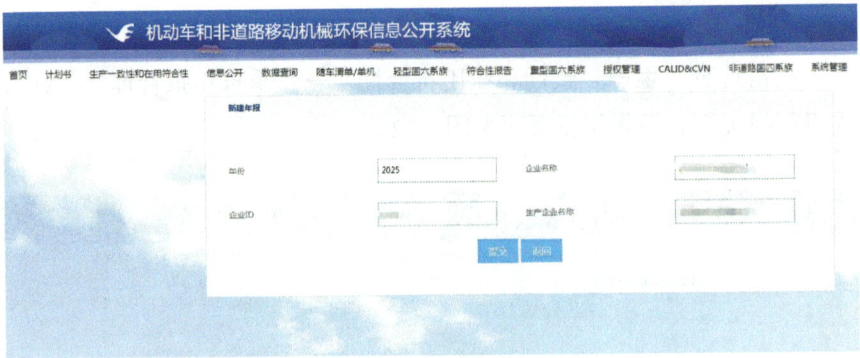

图 9.13　新增年度页面

（一）季报管理

季报需要报送的内容包括企业基本情况、月度企业生产和销售情况、季度企业关键部件采购情况、企业整车（发动机）排放检验情况等。

在“季报年报管理”页面选择对应年度，点击操作列中的“季度报告”。季度报告入口见图 9.14。

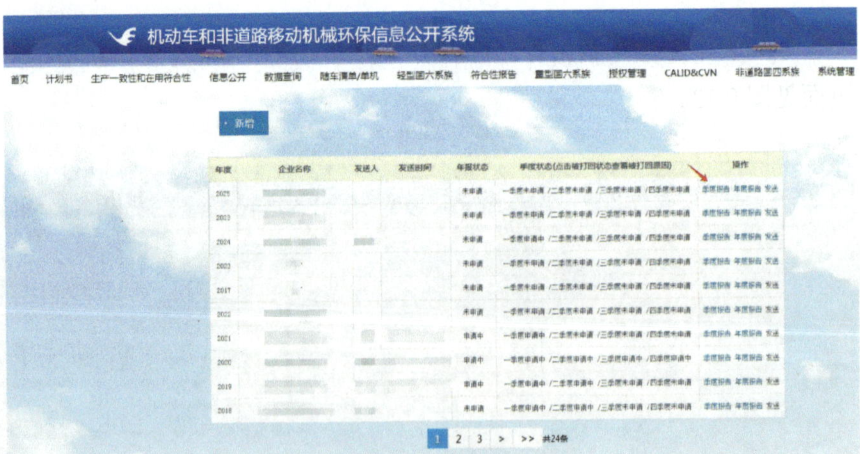

图 9.14　季度报告入口

在企业基本信息页面填写企业基本信息，点击“保存”。季度报告→企业基本信息页面见图 9.15。

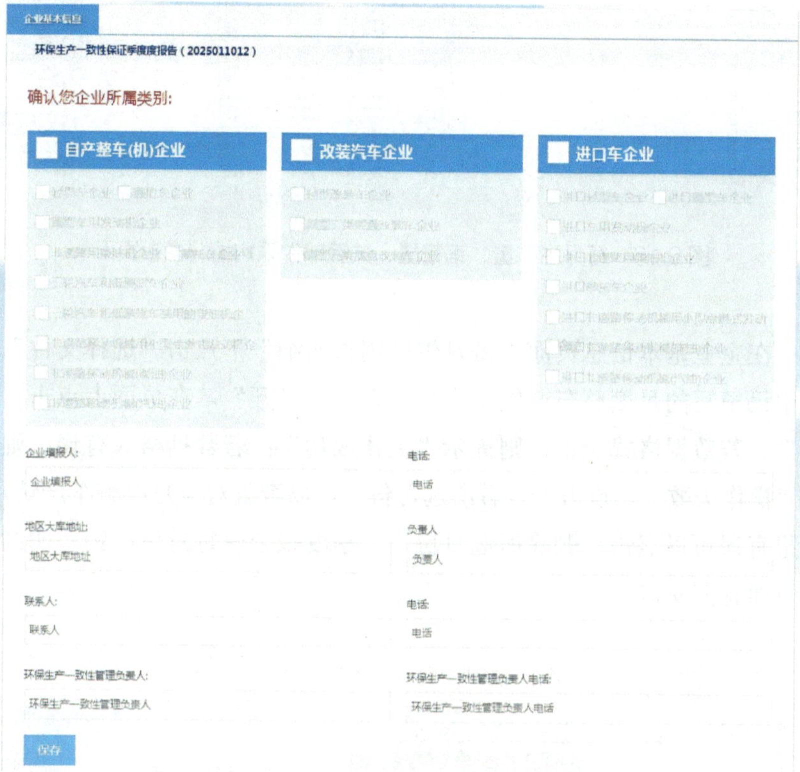

图 9.15　季度报告→企业基本信息页面

在企业基本信息页面点击“下载”，下载每月生产量、销售量、关键部件采购情况模板，按照模板要求填写月度产销量和季度关键部件采购量。每月生产量、销售量、关键部件采购情况模板页面见图 9.16。

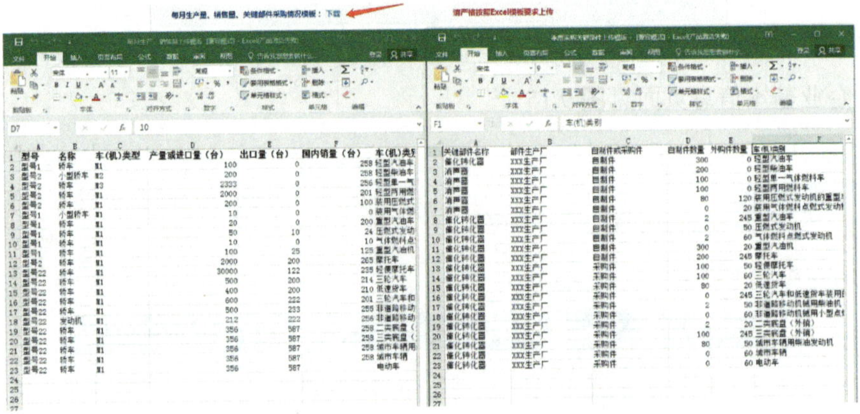

图 9.16　每月生产量、销售量、关键部件采购情况模板页面

在企业基本信息页面“每月生产销售明细”下点击“选择文件”，选中已填写的月度整车产销量文件，选择“打开”。在页面上点击“上传”。若数据格式无误，则提示“上传成功”；若数据格式有误，则提示“操作失败”。点击“查看所选月份”可以查看对应月度整车产销量，如果有误可以点击“删除所选月份”。季度报告→每月生产销售明细操作页面见图 9.17。

图 9.17　季度报告→每月生产销售明细操作页面

（二）年报管理

年度报告包括三个模块，企业基本信息、年报文档申报和年报网页申报。报送内容包括企业基本信息、车辆（机械）达到环保标准的情况、生产一致性保证计划书变更情况、关键部件外购件（自制件）采购过程质量控制实施情况、关键部件在线检验和定期抽样检验实施情况、不合格产品控制情况、生产过程中出现的生产一致性不符合情况及为恢复产品生产一致性采取的措施、生产企业机械（发动机）排放检验情况、生产企业试验室检测质量控制情况等。

1. 企业基本信息

在首页“生产一致性和在用符合性”→“季报年报管理”页面选择“年度报告”。年度报告入口见图 9.18。

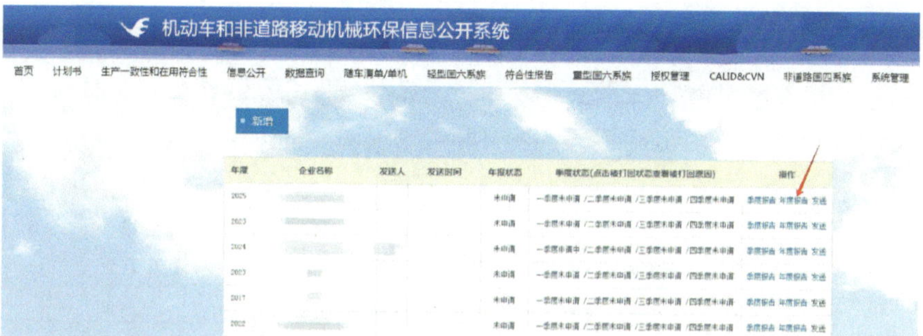

图 9.18　年度报告入口

企业基本情况报送，点击“企业基本信息”，对企业所属类别、企业填报人、环保生产一致性管理负责人、电话等信息逐一填写，填写完成后点击“保存”。年度报告→企业基本信息页面见图 9.19。

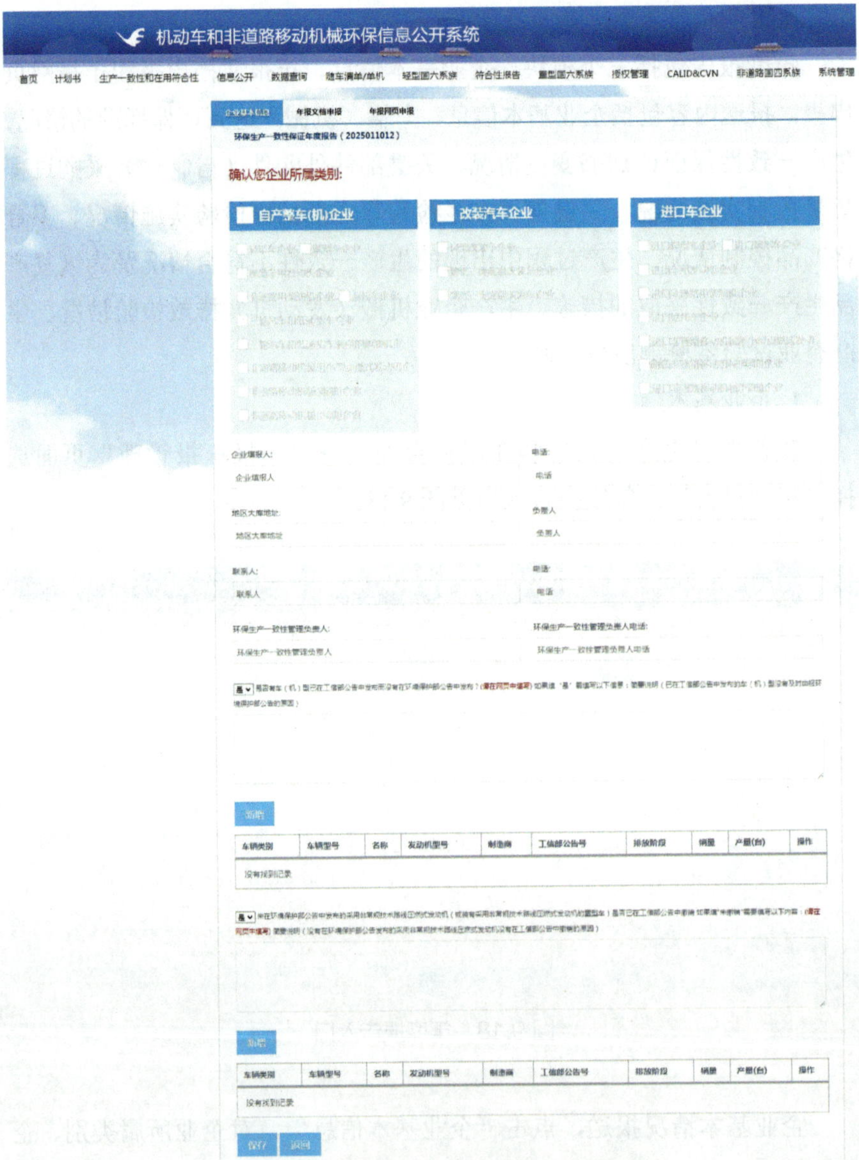

图 9.19　年度报告→企业基本信息页面

2. 年报数据报送

年报数据报送有两种方式，年报文档申报和年报网页申报。

（1）年报文档申报流程

点击“年报文档申报”，点击“下载模板”，按照模板要求填写年报内容，点击“选择文件”，“上传文件”则完成年报上传。点击“下载当前文件”对已上传年报内容进行查看，若有误可以点击“删除”。年度报告→年报文档申报页面见图 9.20。

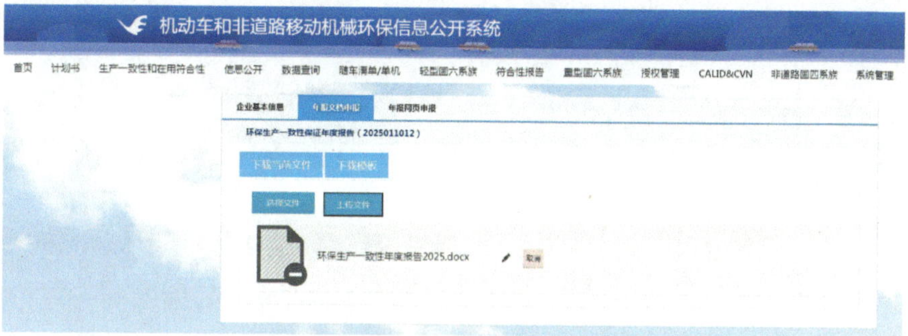

图 9.20　年度报告→年报文档申报页面

（2）年报网页申报流程

点击“年报网页申报”，按照要求填写年报内容，完成后点击“保存”。年度报告→年报网页申报页面见图 9.21。

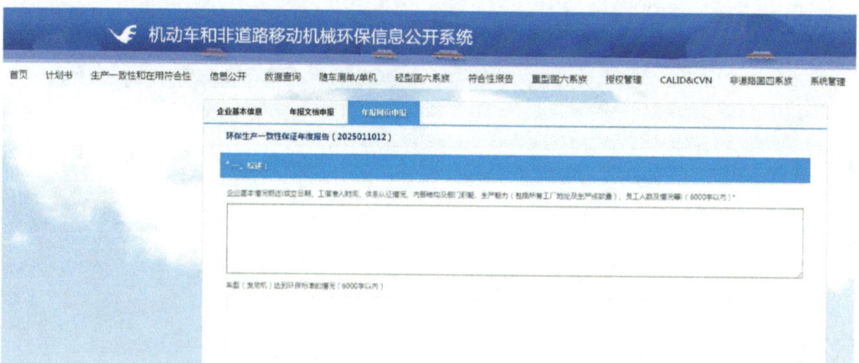

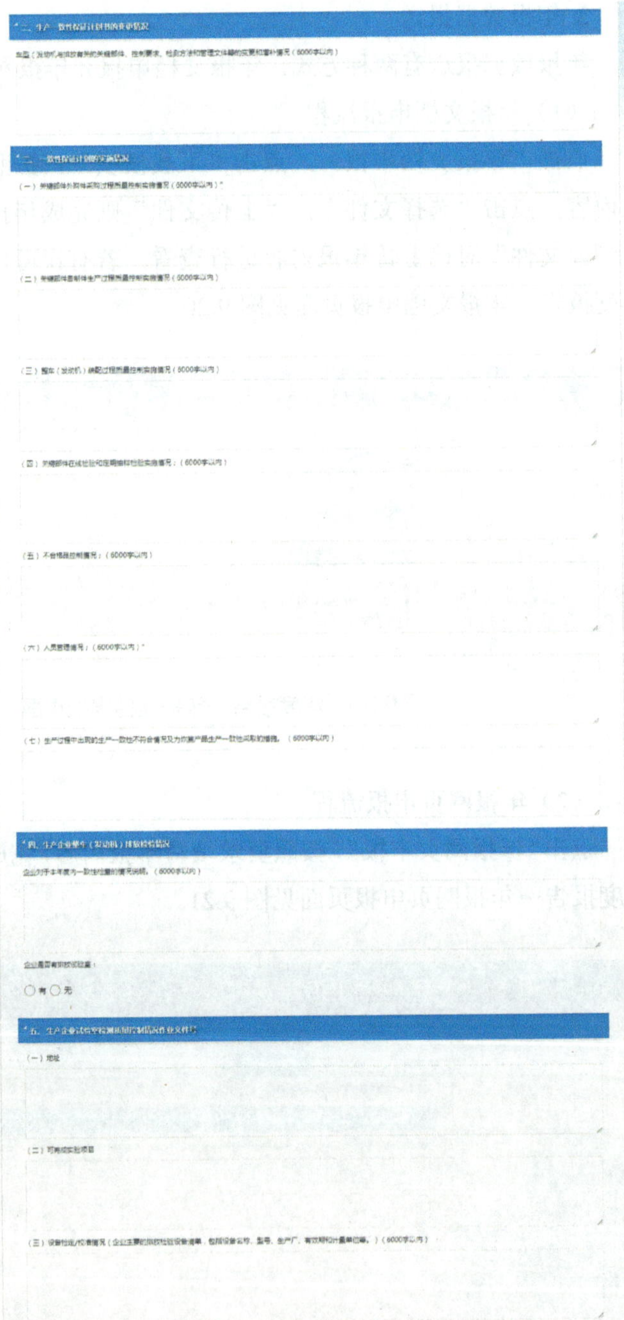
*二、生产一致性保证计划书的变更情况
车型（发动机）与排放有关的关键部件、控制要求、检验方法和管理文件等的变更和替补情况（6000字以内）
*三、一致性保证计划的实施情况
（一）关键部件外购件采购过程质量控制实施情况（6000字以内）*
（二）关键部件自制件生产过程质量控制实施情况（6000字以内）
（三）整车（发动机）装配过程质量控制实施情况（6000字以内）
（四）关键部件在线检验和定期抽样检验实施情况：（6000字以内）
（五）不合格品控制情况：（6000字以内）
（六）人员管理情况：（6000字以内）*
（七）生产过程中出现的生产一致性不符合情况及为确保产品生产一致性采取的措施。（6000字以内）
*四、生产企业整车（发动机）排放检验情况
企业对于本年度内一致性检查的情况说明。（6000字以内）
企业是否有排放试验室：
有 无
*五、生产企业试验室检测能力控制情况作业文件号
（一）地址
（二）可完成实验项目
（三）设备检定/校准情况（企业主要的排放检验设备清单，包括设备名称、型号、生产厂、有效期和计量单位等。）（6000字以内）

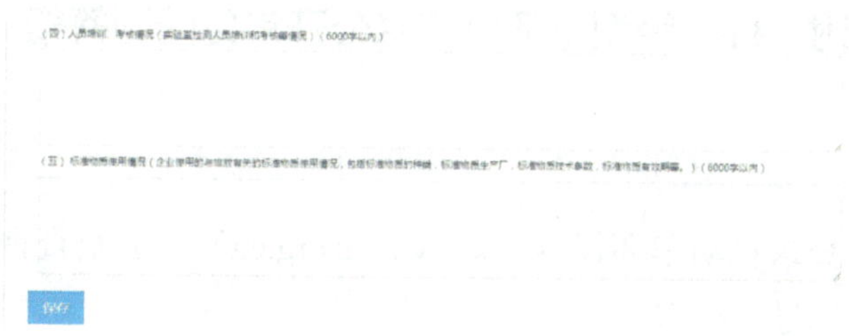

图 9.21　年度报告→年报网页申报页面

（三）季报年报发送

完成季报年报后，在页面点击发送，选择对应报告并填写备案说明，点击“确定发送”。季报年报发送及备案说明填写见图 9.22。

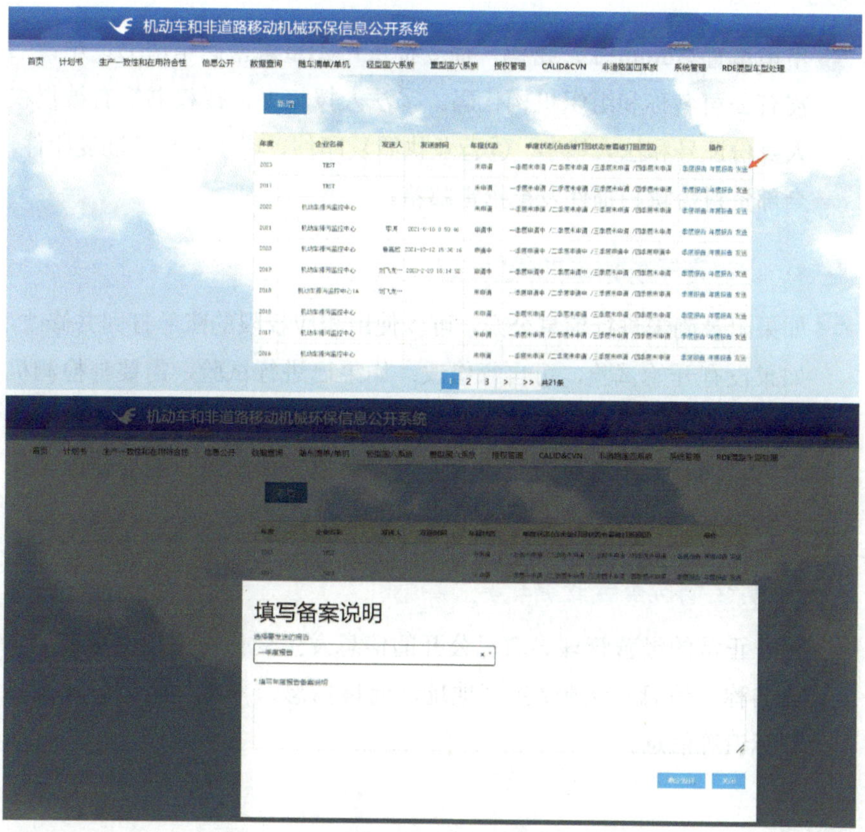

图 9.22　季报年报发送及备案说明填写

附　件　轻型车环保信息公开常见问题答疑

Q 1：如何查询机动车、轻型车的环保达标信息公开情况？

A 登录机动车环保网（www.vecc.org.cn）→公众查询页面，按页面提示进行操作。

Q 2：已经完成环保信息公开的车 / 机型，如何新增排放相关配置？

A 在原附录拟新增排放配置的填报页面中，点击“新增”添加配置信息，并按信息公开流程进行公开。

Q 3：环保信息公开系统主账户 Admin 账户的密码忘记了，该如何找回？

A 申请重置 Admin 账户密码，需要提供：①重置密码申请书，申请书需有公司名称和组织机构代码。②法人授权书，授权书需有被授权人身份证号和法人签字。③营业执照复印件、申请人身份证复印件。全部资料盖章扫描件发至指定邮箱。

Q 4：已经备案的附录如何修改？

A 如果附录尚未进行信息公开，可以使用相应权限的账号打回并修改，如果没有开始试验，可自行修改；如果已进行试验，需要与检测机构沟通，确定是否需要重新开始试验；如果已经信息公开，则不能对附录现有数据项目进行修改，但是可以新增配置；需要修改附录已经信息公开的内容需联系相关人员进行更正。

Q 5：什么情况需要变更？

A 企业正常的经营管理导致已公开的信息发生变化需进行变更，如企业名称、信息、注册 / 生产地址、商标信息、零部件生产厂址及打刻标识等信息。

Q 6：什么情况需要更正？

A 更正一般包括以下两种情况：①企业已公开信息发现错误导致信息变化；②因发动机故障或者合格证更换等导致相关信息需要修改。

Q 7：注册账户需要提供哪些资料？

A 请登录机动车环保网，进入企业环保信息公开系统，点击“注册流程”，按页面要求提供相关资料。具体参考操作手册“第三章 注册与企业管理”。

Q 8：信息公开完成后，如何进行随车清单报送？

A 请登录企业环保信息公开系统，点击“随车清单 / 单机”→“报送VIN/ 单机信息”，按报送说明进行操作。具体参考操作手册“第五章 随车清单上传”。

Q 9：如何用 Admin 账户新增账户、权限分配？

A 信息公开需要三级审核，要用 Admin 账号设置三个不同的账户、密码，三个账号分别对应不同权限。具体参考操作手册“第三章 注册与企业管理”。

Q 10：Admin 账户可以登录，但是 Admin 分配的子账户密码遗忘该怎么办？

A 用 Admin 账户登录，进入账户列表，详情页点重置。密码会反馈到该子账户的注册邮箱中。

Q 11：创建计划书时，质量控制文件、检测设备文件、整车排放文件、纠正措施文件、整机排放检测文件中一致性自检规程的文件号，系统显示的所有文件号是否都需要填写？

A 系统提示为“不适用的项目不需要填写”，如不适用的项目不需要填写。

Q 12：计划书和附录都已经点击了提交，但是仍显示在申请中，应该如何备案？

A 信息公开系统设置了三级审核账户，不同账户对应不同权限。Admin 账户授权相应账户附录计划书审核权限，用相应附录备案权限的账号进行操作。具体参考操作手册“第三章 注册与企业管理”。

Q 13：附录中“商标”位置显示的是“请选择”，无法手动输入，怎么办？

A 填附录前，需要先维护企业的商标情况。点击首页“计划书”→“商标”，进入商标管理页面。具体参考操作手册“第四章 轻型车环保信息公开”中第一节“前期准备工作”—商标。

Q 14：登录系统时，选择 VIN/ 单机信息报送文件，点击“文件上传”按钮后一直上报不了 VIN/ 单机信息怎么办？

A 用 EXCEL 打开上传文件，文件另存为 97—2003 工作簿（后缀为“.xls”）后再重新上传。

Q 15：环保信息公开时被打回，显示为信息公开表数据异常，报告缺失。请问是什么原因？

A 请按系统提示核对报告是否完整。

Q 16：企业的基本信息发生变化，或已经公开的车型信息需要修改，如何操作，需要什么资料？

A 部分基本信息可直接使用企业相应权限的账户自行修改，具体可参考操作手册“第三章 注册与企业管理”中第二节“企业管理”—企业资料；另一部分则需联系相关人员进行变更。已经信息公开的车型信息需要修改，则需联系相关人员进行变更更正。变更更正操作请登录环保信息公开系统，首页右侧通知栏点击“变更、更正相关资料”，下载文件模板，按要求提供材料。

Q 17：附录中存在多种配置情况，若其中一条配置信息没有填写完整，另一个配置车型已经公开，请问信息没有填写完整的配置能否修改？

A 需进行更正。

Q 18：重型车装配的发动机没有进行信息公开或入库，发动机厂家没有完成这项工作。如何进行发动机信息公开或入库？

A 整车企业可以对发动机进行型式检验，完成后将发动机公开或入库。

Q 19：如何在已备案的附录中增加整备质量、尺寸等信息？

A 打开已备案的附录，点击加号，新增质量、尺寸等信息，并点击提交。

Q 20：查询到相应的发动机型号后，为什么不能新增到我们的动力系统？

A 需要发动机企业将该发动机型号对整车企业进行授权，授权完成后才可以使用该发动机相关信息。

Q 21：在随车清单的时候，提示“第1行公开信息编号格式不正确”，无法上传，请问是怎么回事？

A 请确认信息公开编号格式是否正确，具体参考《机动车环保信息公开技术规范》（HJ 1350—2024）。

Q 22：信息公开主体企业名称发生变化，信息公开系统的企业代码是否也会变化？企业代码体现到信息公开编号中，会不会对已公开的车型信息公开编号有影响？

A 企业代码是信息公开企业注册时系统自动生成的，是永久不变的，也不会影响公开车型的信息公开编号。